鹿鸣心理

西方心理学大师译丛

投射性认同和心理治疗技术

PROJECTIVE IDENTIFICATION AND PSYCHOTHERAPEUTIC TECHNIQUE

〔美〕托马斯·H.奥格登 著

杨立华 译

李孟潮 审校

THOMAS H.OGDEN

重庆大学出版社

推荐语

关于这本书,你应该知道两件事:第一,奥格登博士阐明了一些我们必须忍受的与病人相处的体验,忍受它们才能对病人有所帮助。第二,奥格登博士的著作为我们提供了对一种态度和才能的认识,正是这种态度和才能造就了埃尔文·桑拉德这样非凡的临床医生。这本书的后一个方面使它尤为特别,因为在印刷品中传递最好的临床思维的感觉和精神是一项了不起的成就。这是一份非同寻常的礼物。

J.J.安德烈森,医学博士,发表于《当代精神病学》

这本非常有趣的书拓宽了投射性认同的概念,并包括了丰富的临床材料,说明了使用这一概念所涉及的技术。这本书的主要临床贡献是关注病人在治疗中与重要他人的认同,其目的是掌控创伤经历。病人试图让治疗师参与角色活现或实现中,这在一些临床例子中得到了说明。对奥格登来说,投射性认同涉及人际关系的活现或实现。无意识的感受是通过投射和分裂过程在对方身上唤起的……

奥格登接着讨论了这个概念,从克莱因的原创到其他人对它的使用,包括比昂、西尔斯和赖斯。他比较了解释与沉默的容纳,以及容纳病人投射的重要性。他的章节《技术问题》提供了丰富的临床材料来说明这一概念。

　　奥格登关于投射性认同的思想将克莱因、比昂和格罗斯坦的思想与温尼科特的思想结合在一起。容纳和抱持性环境在奥格登的技术建议中发挥了很大作用。在整本书中,他告诫不要做出不合时宜的解释,因为这种解释往往更有助于缓解治疗中的焦虑和痛苦,并迫使治疗师将本应放在"遐思"中的材料放回病人身上。

　　　　　　　珍妮特·舒马赫·芬奈儿,发表于《精神分析综述》

致　谢

我要感谢我的妻子桑德拉,感谢她对本书中讨论的许多问题发表了富有洞察力的评论,并感谢她帮助我编辑手稿。我感谢她和我的孩子彼得和本杰明,感谢他们用耐心和爱心给我时间写这本书。

任何与严重精神病病人密切合作的临床医生都会知道,这样的工作即使不是不可能,也很难单独完成。我有幸有机会在旧金山锡安山医院和医疗中心的青少年和青年住院服务部门做了本书中描述的大部分住院工作。我要感谢全体服务人员的奉献精神和坚持不懈的精神。我还要感谢埃里克·埃里克森教授和奥托·威尔博士,埃里克·埃里克森教授曾担任工作人员的技术顾问,奥托·威尔博士曾在病人住院治疗的重要时期担任住院部主任。

我很高兴有机会对詹姆斯·格罗特斯坦博士和布莱斯·博耶博士表示感谢,感谢他们为我提出的想法热情地提供敏锐和创造性的评论。

在过去的几年里,参加了我在锡安山医院举办的客体关系理论研讨会的学生为我提供了一个令人兴奋的论坛,在这个论坛上,我可以探讨本书中讨论的临床和理论问题。

最后,我要对在我个人分析过程中与我共事的两位分析师表示深切的感谢。

目　录

第一章　概述

　　投射性认同不是一个元心理学概念。它所描述的现象存在于想法、感受和行为领域，而不是关于心智运作方式的抽象信念领域。无论一个人是否使用这个术语，或是否了解投射性认同这一概念，在临床上，他都会不断地碰到一些现象，这种现象指的是无意识的投射性幻想，这些幻想会在他人身上引起相应的感受。治疗师和分析师对思考这些现象有阻抗是可以理解的：在想象中去体验在一个重要意义上并不完全属于自己的感受和想法，这是令人不安的。然而，缺乏用来思考这类现象的词汇严重干扰了治疗师理解、管理和解释这种移情的能力。投射性认同是这样一个概念，它提出了一个人（投射者）的无意识幻想在另外一个人（接受者）那里产生对应的情感状态并且被那个人加工，也就是说，一个人利用另一个人来体验和容纳他自己的一部分的方式。投射者有一种（主要是）无意识的幻想，即摆脱自己不想要的或危险的部分（包括内部客体），并以一种强有力的控制性方式将该部分存放在另一个人身上。自体被投射的部分被感觉到部分丢失了，并且转移到另一个人身上。伴随着这种无意识的投射性幻想，会产生一种人际互动，通过这种互动，接受者被迫以一种与投射性幻想所体现的被驱逐的感受和自体及客体表征相一致的方式思考、感受和行动。换句话说,接受者感受到压力,要与投射者的某一特定的、被否认的方面进行认同。

　　一方面,接受者也许能够忍受这种诱导出来的感受,并在他自己更大的人格系统中管理它们,例如,通过理解或整合更多基于现实的自体表征来管理它们。在这种情况下,投射者可以建设性地对接受者诱导出来的感受进行内射和认同,从而重新将其内化。另一方面,接受者可能无法忍受被诱导出来的感受,从而通过否认、投射、全能理想化、进一步的投射性认同或旨在缓解紧张的行动(如暴力、性活动或疏远行为)来处理这种感受。在这种情况下,投射者的信念——他的感受和幻想确实是危险的和无法忍受的——将被证实。通过认同接受者对所涉及的情感的病理性处理,投射者的原始病理将进一步巩固或扩大。

　　投射性认同的概念绝不会构成整个治疗理论,也不违背精神分析理论和技术的主体部分。它确实大大超出了通常所说的移情,在移情中,病人扭曲了他对治疗师的看法,同时将早年生活中对一个人的感情,指向治疗师(Freud,1912a,1914a,1915d)。在投射性认同中,病人不仅以一种由病人过去客体关系所决定的扭曲方式看待治疗师,而且还对治疗师施加压力,使其以与病人无意识幻想一致的方式体验自己。

　　投射性认同提供了一种理论,可能会有助于治疗师组织他们自己的体验(感受、想法、感知)和移情之间的关系,并赋予这一关系以意义。在对临床资料的讨论中我们将会看到,从投射性认同的角度来看,治疗的许多僵局和死胡同成了研究移情的资料,并且成了一种媒介,通过这一媒介,病人的内部世界的各组成部分得到了沟通。

　　这一定义无疑会引发许多问题。对这些问题的讨论将推迟到下一章,而在这一点上只考虑这个概念的形式。这个概念整合了关于无意识幻想、人际压力的陈述,以及一个独立的人格系统对一系列被激起的情感的反应。投射性认同一部分是关于人际交往的陈述(一个人向另一个人施加压力以遵从投射性幻想),一部分是关于个体心理活动的陈述(投射幻想、内射幻想、心理加工)。然而,从最根本的意义上讲,它是关于两者之间动态相互作用的一种陈述,即心理内部和人际互动的相互作用。许多现有的精神分析命题的有效性是有限的,因为它们专门针对内心领域,而不能在该领域与提供治疗主要资料的人际互动之间架起一座桥梁。

正如我们将要讨论的那样,精神分裂症患者,以及在较小的程度和强度上处于人际环境中的所有病人,几乎不断地在参与到让他人与他们一起上演他们的内部客体世界中的一些场景的无意识过程中。分配给治疗师的角色可能是自体的角色,也可能是客体在彼此特定关系中的角色。从这些角色的内在客体关系衍生出来的是病人的心理建构,产生于以下几个方面:对当前和过去客体关系的现实认识和理解;婴儿或儿童对自己和他人原始、不成熟的知觉所固有的对人际现实的误解;由占主导地位的幻想决定的扭曲;由病人当前组织体验和思考模式的本质(例如分裂和碎片化)所决定的扭曲。

如果我们想象一下,病人既是导演,又是内部客体关系人际互动中的主角之一,而治疗师在同一部戏剧中是一个不知情的演员,那么投射性认同就是治疗师被给予特定角色舞台指示的过程。在这个类比中,必须记住的是,治疗师并不是自愿扮演一个角色,而只是回溯地了解到,他一直在病人内心世界某一方面的活现中扮演着一个角色。

治疗师在某种程度上允许自己被这种人际压力所塑造,并且能够观察到自己的这些变化,他可以接触到病人内心世界非常丰富的资料来源——被诱导的一组想法和感受——这些想法和感受在体验上是鲜活的、生动的和即时的。然而,它们是极其难以捉摸的,也是极其难以用语言表达的,因为这一信息以治疗师参与活现的形式存在,而不是治疗师可以轻易反思的文字和图像形式存在。(治疗师在这类人际交往中的最佳参与程度是一个关键问题,这个问题将在接下来的章节中详细讨论。)

投射性认同为治疗师提供了一种方法,将他对自己内在体验的理解与他在病人身上感受到的相结合。在对精神分裂症患者的工作中,这样一种综合的观点是尤其必要的,因为它保护了治疗师在面对来自病人一系列混乱的心理碎片时的心理平衡。精神分裂症患者的谈话往往是对沟通的歪曲,服务于普通谈话之外的目的,而且往往与思考本身完全对立(见第七章和第八章)。当精神分裂症患者攻击自己和治疗师的思考能力时,治疗师努力抵制贬低和摒弃自己想法的诱惑,这就带来了极大的心理压力。对于长期与精神分裂症患者一起工作的治疗师来说,涉及思考能力受损的问题远远不是抽象的哲学问题。治疗师发现,他自己的思考、感知和理解能力,即使是最基本的治疗事项,也会在他的工作过程中变得耗竭和停滞。治疗师经常会意识到,他不能为治疗带来任何一个新的想法或感受。

当这种治疗僵局持续不变时,治疗师内部的压力往往达到无法忍受的程度,并最终导致治疗师通过缩短疗程(因为"30分钟是病人所能利用的全部"),或终止治疗(因为"病人没有足够的心理学头脑从心理治疗中获益")来逃离病人,或者提供"支持性治疗",例如与病人进行专门的管理性的、任务导向的互动,从而直接(例如,以侵入性"深度解释"的形式)或间接(例如,通过情感退缩、违反保密原则、"意外"迟到、增加药物等方式)对病人进行报复。

人们很容易对治疗师的这种行为嗤之以鼻,但在对精神分裂症患者的任何持续的密集治疗工作中,以这样或那样的形式进行防御性的反治疗活动是不可避免的。如果治疗师仔细检查这些移情行为,并防止它们成为治疗中的普遍现象,通常它们就不会对治疗造成不可弥补的损害。这并不是为了宽恕治疗师的反移情行为。但是应该承认,在对精神错乱的病人实施强化心理治疗的过程中,治疗师会发现自己说了一些令他后悔的话。这样的错误,治疗师很少与同事讨论,在文献中也几乎没有被报道过。[1]然而,从投射性认同的角度来看,特定错误也代表了一种特定结构,这种结构只能在治疗师治疗病人的过程中通过互动产生。治疗师的任务不是简单地消除错误或偏差,而是要阐明导致以这种特定方式感受和行动的特定的心理和人际意义的本质。在这本书中提出的许多临床材料都会涉及对治疗师的行为和感受的各个方面的分析,这些方面反映了困惑、愤怒、沮丧、恐惧、嫉妒、自我保护等,毫无疑问,这些有时会造成治疗错误。从投射性认同的角度分析这些感受、想法和行为,治疗师不仅会认识到自己对人际领域的贡献,而且理解他的感受和行为(包

---

1 很明显,我在这里并没有提到治疗师一方实际的性或者攻击性活动。这只是一些极端情况,表明治疗已经完全失控了。在这些情况下,病人应该被转介到另外一位专业人士那里,并且希望治疗师能够认识到他自己也需要获得治疗。

括他的错误）的方式可能反映着移情的特定方面。

投射性认同这一概念在临床上和理论上的有效性一直受到定义不精确的影响。由于治疗师和分析师使用这个术语的方式大不相同，在精神分析的讨论和文献中，这个术语一直是诸多混乱的来源。然而，由于这一概念具有独特的价值，应该对它在理论界线和体验上所指的对象加以提炼和精确界定。第二章将介绍这项工作的成果。在这一章中，我们将对投射性认同的几个基本概念进行区分：投射、内射、认同和外化。此外，还将讨论这一心理过程发展的婴儿早期背景，以及投射性认同思想的历史背景。

第三章将重点讨论具体的技术问题。治疗师如何确定自己是在处理一个投射性认同、如何处理被诱导出来的感受、如何决定何时以及以何种方式做出回应，这些问题将会得到解答。在第四章中，我们会将本书中提出的与投射性认同的临床实践有关的技术原则与克莱因学派分析师、经典精神分析学派、英国中间学派和现代精神分析学派所支持的原理进行对比。

关于来自母亲的过度投射性认同对婴儿早期心理发展的影响，在第五章中提出了一个发展假说。投射性认同是母婴"对话"中的主要沟通方式之一。然而，当母亲过分依赖投射性认同，不仅将它作为一种沟通方式，而且作为一种防御方式时，由此产生的互动就可能成为致病因素。病例材料来自对一名病人的心理治疗，该病人在幼儿时期形成了一种特定的病理认同形式，作为对母亲投射性认同的防御性适应。

在这本书中，投射性认同的观点将应用于边缘型精神分裂症患者心理治疗的各个方面。在第六章中，我们将讨论投射性认同的概念在精神病院病人管理和治疗中的应用。对住院病人的心理治疗工作需要一种思维模式,这种思维方式要综合理解病人的内在心理状态、反移情,以及人际互动的性质和背景(包括互动受到社会制度背景影响的方式)。本书分别从病人和医务人员角度,分析了住院工作中必然涉及的扩大了的、不太明确的治疗框架所引起的特殊问题,并从病人和工作人员两个视角分析了投射性认同的反响回路。

最后两章以投射性认同的临床、理论和发展研究为背景,对精神分裂性冲突的性质进行了阐述,分析了投射性认同在精神分裂症性冲突治疗中的地位,以及心理死亡或"非体验"的精神分裂症状态。

在第七章中,精神分裂症性冲突是根据允许意义存在的愿望,和通过破坏所有意义并进入非体验状态来回避痛苦的愿望之间的冲突来表述的。在这个状态下,没有任何东西被赋予情感意义,一切都是可以互换的。此外,在精神分裂性冲突中,不仅有破坏意义的愿望,这些愿望还以心理能力的实际自我限制的形式活现出来。"活现"一词,是指无意识幻想的具体表现形式,它们处于投射性认同和精神分裂症性冲突的核心。

非体验状态代表了一种与无意义的感觉和幻想完全不同的现象;对处于非体验状态的精神分裂症患者来说,逃到无意义的状态已经成为现实,因为病人不自觉地麻痹了自己的思考能力和赋予感知以意义的能力。这不是说病人感觉生活像是空虚的,认为什么都不重要,精神分裂症患者处于心理关闭(非体验)状态,实际上使他自己无法产生任何类型的意义,包括空虚和无意义的意义。

一名慢性精神分裂症患者接受治疗的前三年的资料,将为讨论解决精神分裂症冲突的四个阶段提供一个临床焦点：非体验状态、投射性认同阶段、精神病性体验阶段和象征思维阶段。

最后，在第八章中讨论了为一位盲人精神分裂症患者实施强化心理治疗的技术和理论经验，该病人在治疗早期退行到一种非体验状态。治疗师对治疗的管理和干预措施的选择是从投射性认同的角度结合对精神分裂症冲突的理解来进行的。

不同学派的精神分析思想中有许多"信念"，一个人可以基于对一种隐喻（比如心理能量的概念），或者一种意象（比如心理结构的概念）的兴趣，或者一个理念与其他理论或哲学观点（比如死本能）的相容性，接受或者排斥这些"信念"，而投射性认同与它们都不同，它不是一个需要基于这些而对它加以接受或者拒绝的概念。

投射性认同是一种临床层面的概念化，有三个现象学参考点，它们都完全处于可观察的心理和人际体验的范围内：（1）投射者的无意识幻想（通过它们的衍生物，如联想、梦、失误等可观察到）；（2）微妙的、可证实的人际压力的形式；（3）反移情体验（一种真实的，但未充分利用的可分析资料来源）。

第二章　投射性认同的概念

精神分析理论向来苦于缺乏描述心理内部领域现象与外部现实和人际关系领域现象之间相互影响的概念和语言。因为投射性认同是这种桥接起（内外部现象）的表述概念的代表，所以如果此概念一直是精神分析概念化中定义不明、理解不全的概念的话，这会是不利于精神分析性思考的。

作为幻想和客体关系的投射性认同

正如第一章所言，通过投射性认同，投射者有一种原始的无意识幻想，在那里他摆脱掉自己身上不想要的部分；将这些不想要的部分放在另外一个人身上；最后，修复曾经被排除出去的东西经过修正后的版本。

我接下来讨论投射性认同的时候，会将它看成一个三阶段或者三步骤的序列（Malin & Grotstein, 1966）。然而，更能传达出我们将会讨论的投射性认同中三阶段或三步骤的同时性和相互依赖性的看法，是一个单一的心理事件中(同时)存在这三个部分,用一种概要的方式,我们可以将投射性认同看成涉及下列事件顺序的过程。首先,有一个无意识的幻想:将一个人自身的一部分投射到另外一个人身上,并且那个部分从内部接管那个人。其次,通过人际互动施加压力,这样投射的接受者体验到被迫以与投射者一致的方式来思考、感受和行动。最后,所投射的感受在被接受者"心理加工"之后,被投射者再内化。

第一阶段

投射性认同的第一阶段必须被理解为摆脱自体一部分(包括内部客体)的愿望,要么是因为那个部分威胁从内部摧毁自体,要么是因为感觉到那个部分有被自体其他部分攻击的危险,必须通过在一个保护者之内得到抱持而得以安全保管。后面这种投射性认同的心理使用方式,在一位青少年精神分裂症患者身上很突出。

病人L,一口咬定他拒绝接受精神科治疗,他来治疗只是因为他的父母和治疗师强迫他这样做。事实上,这位18岁的病人可以做出激烈得多的抵抗,并且他有能力破坏任何想要治疗他的企图。然而,维持他继续接受治疗并产生康复的愿望的动力是父母和治疗师翘首以盼的,这对他来说也很重要,为的是这些愿望不会被他感觉是其自身极具破坏性并意欲毁灭其自我的那些部分危及。

A, 14 岁精神病性强迫症患者, 展现了将一个不想要的、自体[1]中"坏的"部分放在另外一个人身上的无意识幻想的投射性认同。

A, 经常谈到想将他"生病的大脑"放进治疗师体内, 那么治疗师就必须强迫性地将他看到的每一个汽车牌照上的数字相加, 并且每一次触碰到不是他的东西的时候就会害怕, 人们会指责他要把那个东西偷走。这位患者明确表示, 他的幻想不是仅仅让他自己摆脱某个东西, 它还是占据另一人并从内部控制此人的一种幻想。他"生病的大脑"在幻想中将会从内部折磨治疗师, 就像它当前正在折磨这位患者一样。

这种类型的幻想是基于一种原始观念, 那就是情绪和想法是有其自身生命的实在客体。这些"客体"被感觉为位于一个人内部, 但是能够被取出来, 放入另一个人身上, 从而让自体摆脱容纳它们所带来的后果。刚才描述的强迫症患者经常在治疗的一个小时时间里猛烈地将他的头转到一边, 为了"摇松"一个特定的烦恼。

将一个人的一部分放在另外一个人身上并从内部控制那个人的幻想, 反映了投射性认同的一个重要方面:投射者至少部分是在一个发展水平上运作的, 在这一发展水平中, 自体和客体表征之间的边界模糊不清。在投射者的幻想中, 接受者体验到投射者的情绪——不是类似的情绪, 而是投射者的真实情绪——它已经被移植进接受者身体中去了。投

---

1 self=自体, ego=自我。——译者注

射者感觉与接受者"合二为一"(Schafer, 1974),然而在投射中,投射者感觉与接受者疏远,被接受者威胁,让接受者弄得手足无措,或者与接受者失去联系。卷入投射中的人可能会问:"没什么好生气的啊,谁会这么生气呢？他有毛病。"当然,两种对比的过程极少会以纯粹的形式出现;相反,我们经常会发现两者混合在一起,只是合一或者疏远的感受所占的比例不同。

第二阶段

在第二阶段,投射者向接受者施加压力,让他以与前意识投射性幻想一致的方式感受他自己,并且以这种方式行事。这并不是想象中的压力,而是通过投射者和接受者之间大量的互动施加的真实压力。投射者和接受者之间没有互动就不存在投射性认同。

一位12岁的住院病人,在婴儿时期就被从心理和身体上激烈地侵入,突出表现了投射性认同的这一方面。这位病人在病房里几乎什么也不说,什么也不做,但是通过不断地冲撞到其他人,尤其是她的治疗师身上,让人强烈地感觉到她的存在。这令其他病人和病房里的员工都非常恼火。在治疗时间里(常常是游戏治疗),她的治疗师说,他感觉治疗室里面仿佛没有他的空间。不管他站在哪里似乎都站到她的位置上了。这种互动形式代表了一种客体关系形式,其中病人给治疗师施加压力,让他感觉自己无处可逃,在哪里都被侵入。这一人际互动构成了这位病人投射性认同的诱导阶段。

　　之前提到过的那位精神病性强迫症患者A,不断地激发一种治疗互动,这种互动阐明了投射性认同的诱导阶段。

　　A患有先天性幽门狭窄病,在这一健康状况被诊断出来并手术矫正之前,在他出生后的第一月,整个月他都有喷射性呕吐症状。在手术矫正以后,他就想象自己被攻击性的幽灵占据:骂骂咧咧的父母、强烈的胃痛、令人痛苦的担忧,以及他觉得几乎没有任何控制力的强烈愤怒。他治疗的初始阶段几乎被想要折磨治疗师的企图占满——踢治疗师的家具,不断地按候诊室门铃,不停歇地尖声抱怨。所有这些都在治疗师身上引起了报复性愤怒,直到治疗师感到极为紧张和怒不可遏,病人才能感觉到片刻平静。这位病人能够充分意识到他企图让治疗师愤怒,以及这对他的愤怒情绪的平静、安抚效果。

　　这是病人幻想的一种活现[1],在他的幻想中,愤怒和紧张是他内部有害的作用者,他试图通过将它们放在治疗师身上将它们消除。然而,就像他的喷射性呕吐一样,并没有立竿见影的解决办法:有害的作用者(愤怒、食物、父母)也是生命所必需的。投射性认同提供了一种折中方案,病人可以在幻想中从他自己身上消除有害但是给予生命的客体,同时在一个部分分离的客体内部让它们继续活下去。这一解决方案没有相伴的客体关系的话将只是一个幻想,在这一客体关系中,病人在治疗师身

　　1　活现(enactment)是指病人在与分析师的互动中,将幻想像真实场景一样上演出来,以让分析师感受到特定的情绪,从而达到处理自身情绪的目的。——译者注

上施加了巨大的压力,让他顺从投射性幻想。当有证实投射成功的证据的时候(也就是说,当治疗师表现出紧张和愤怒的迹象的时候),病人感觉如释重负,因为那证明了有害但是给予生命的作用者已经既被排除出去也被保存下来了。

从家庭观察的角度,瓦伦·布罗杰(Warren Brodey,1965)研究了一种活动模式,这种模式会产生压力迫使患者顺从一个投射性幻想。他生动地描述了一位家庭成员如何操纵现实,迫使另外一个家庭成员"证实"一种投射。不能证实一种投射的事实就会被当作仿佛不存在一样(见Zinner & Shapiro,1972,已得到与青少年家庭的工作中获取的临床资料的证实)。这种对事实的操纵和由此导致的现实检验能力的损害只是产生压力以顺从一个无意识投射性幻想的一种技术。

关于投射性认同的诱导。需要指出的是,在顺从投射性压力背后,可能出现的"否则如何如何"(指令),这会诱导出投射性认同。我在其他地方描述了(Ogden,1976,第五章)施加在婴儿身上,以与母亲的心理病变相符的方式行动的压力,以及始终存在的威胁——如果婴儿不顺从,他对母亲来说将不复存在。这一威胁是要求顺从背后的压力:"如果你不是我需要你成为的东西,你对我来说不存在。"或者换句话说:"我只能在你身上看到我放在那里的东西。如果我看不到那个东西,我就什么都看不见。"在治疗互动中,如果治疗师停止按照病人的投射性认同来行动,他会被迫感受到一股恐惧的力量,担心自己在病人心里从此不再存在。(见Ogden,1978a,第六章,对这个问题进行治疗的详细过程。)

通过投射者与接受者的互动,幻想的两个方面得到了证实:(1)接受者有被投射出去的自体的部分特征,(2)客体是被投射者控制着的。事实上,这一影响是真实的,但不是想象中通过自体移植的部分占据客体所形成的绝对控制;更确切地说,它是通过人际互动施加的外部压力。这将我们带到了投射性认同的第三阶段,它涉及接受者对投射所进行的心理加工,以及投射者对修正后的投射的再内化。

第三阶段

在这个阶段接受者部分地感觉自己是投射性幻想中所设想的样子。然而,实际上,接受者的感受是与投射者不同的人所感受到的一套新的情绪。它们也许近似于投射者的那些情绪,但是它们并不完全一样:接受者是他自己情绪的创造者。尽管这些情绪是在一种来自投射者的、特殊的压力之下诱导出来的,但是它们是另外一套人格系统的产物,有着不同的优缺点。被投射的感觉(更准确地说,在接受者身上引发的一系列感受)有了以不同于投射者处理它们的方式被处理的可能性。

如果接受者可以用不同于投射者处理情绪的方式处理投射到他身上的情绪,就会产生一套新的情绪。这可以看成最初的投射情绪被处理过的版本,并且也许牵涉出一种感知,那就是投射的情绪、想法和表征是可以忍受的,而不会破坏自体的其他部分或者一个人重要的外部或内部客体(cf. Little, 1966)。这一新的体验(或者投射的情绪加上接受者的人格的混合物)甚至包含一种观念,那就是成问题的情绪可以得到重视,有时候甚至可以享受它们。必须记住的是,"成功的"加工这一信念是相对的,并且所有的加工都是不完全的,都会在一定程度上被接受者的病理所污染。

这一消化过的投射可以通过接受者与投射者的互动被投射者内化。这一内化(实际上是再内化)的本质取决于投射者的成熟程度,这种内化也覆盖了从原始内射到成熟认同等各种形式(cf. Schafer, 1968)。无论再内化过程的形式如何,它都给投射者提供了获得处理他之前想要否认的情绪的新方式的机会。就投射被成功加工并再内化来说,真正的心理成长已经发生了。

下面是一个接受者比投射者更完整、更成熟地进行投射性认同的例子。

K先生已经接受了大约一年的分析,但是治疗对病人和分析师来说似乎都陷入了僵局。病人重复地质疑他是否“从中得到了什么东西”,并声明,“也许治疗是浪费时间——似乎没有效果”等。他一直不情不愿地支付分析费用,并且渐渐开始越来越晚地支付,到了如此地步——分析师怀疑病人会突然停止治疗,欠一两个月的费用不付。另外,在熬过一次次分析时段的同时,分析师想起,有的同事一次分析时段是50分钟而不是55分钟,而收费和他的一样。就在一次分析开始之前,分析师考虑通过让病人在进入咨询室之前等上几分钟来缩短时间。所有这些的发生,病人或者分析师都没有注意到。渐渐地,分析师发现自己很难按时结束一次分析,因为有一种强烈的内疚感——他没有让病人的“钱花得物有所值”。

当这个时间上的难题在几个月的时间里反复出现的时候,分析师渐渐开始理解他在维持精神分析的基本规则方面上的问题:他因为期待病人为他"无价值的"工作支付费用而觉得自己贪婪,并通过过度慷慨地投入时间来防御这种情绪。分析师理解了这些情绪是由病人在他身上所引起的之后,他就能够从新的视角看待病人的材料。K先生的父亲在病人15个月大的时候抛弃了他和他的母亲。虽然从来没有明说,但是他的母亲因为这件事情而责怪这位病人。这种心照不宣的感觉是,病人对母亲的时间、精力和情感的贪婪索取,导致了父亲的抛弃。病人逐渐产生了否认这种贪婪情绪的强烈需求。他不能告诉分析师,他想要更频繁地见他,因为他认为这一愿望是贪婪的,将会导致被(移情)父亲抛弃,并被(移情)母亲攻击——这两个移情形象是他在分析师身上看到的。相反,病人坚持说精神分析和分析师是完全不合意和无价值的。这种互动微妙地在分析师身上激起了强烈的贪婪感,分析师感觉这种情绪是如此的不可接受,以至于一开始他也试图拒绝和否认它。

对分析师来说,整合贪婪的感受的第一步是,觉察到他自己感到内疚并且在防御他的贪婪。然后他可以调动他自己的一个部分,这一部分对理解他的贪婪和内疚感感兴趣,而不是试图去否认、伪装、置换,或者投射它们。对这方面的心理工作来说必要的一点是,分析师感觉他可以有贪婪和内疚感而不会被它们伤害。这里并不是分析师的贪婪在干扰他的治疗工作,而是他自己通过否认它们并让它们处于防御活动之中来拒绝拥有这些情绪的需求。随着分析师逐渐觉察到并能够容忍他自己和他的病人的这一方面,他变得能够更好地处理治疗的财务和时间边界。他不再觉得他必须隐藏他在收到工作报酬时的愉快感。

一段时间之后,病人在他递给分析师一张支票(按时)的时候评论到,分析师似乎很高兴得到"一张肥得流油的支票",而这对于一名精神科医生来说不是很合适。分析师轻声笑了,然后说收到钱的感觉很好。在这次互动中,分析师对他的渴望、贪婪、急不可耐的情绪的接纳,连同他将这些情绪与其他健康的利己和自我价值感整合的能力,都可以为病人所内化。分析师这时候没有选择解释病人对他自身贪婪的恐惧和他防御性的、投射性的幻想。反而,这次治疗包括消化投射并让它可以通过治疗互动再内化。

根据上面的讨论,有必要考虑对投射性认同的这种理解,是否与心理治疗和精神分析带来心理成长的途径这一问题没有直接的联系。对病人来说具有治疗作用的东西的本质,也许在于治疗师的一种能力,这种能力让他可以接受病人的投射,利用他自己更加成熟的人格系统中的一些方面来加工这一投射,然后让消化了的投射通过治疗互动再内化(Langs,1976;Malin & Grotstein,1966;Racker,1957;Searles,1963)。

早期发展环境

投射性认同是一个心理过程,这个过程同时是一种防御、一种沟通模式、一种原始的客体关系形式,以及一种心理改变的途径。作为一种防御,投射性认同可以用来与不想要的、通常令人恐惧的自我的一些方面创造出一定的心理距离感。作为一种沟通模式,投射性认同是一个过程,通过这个过程可以在另外一个人身上引起与自己一致的情绪,从而创造出一种被人理解或者与另外一个人"合一"的感觉。作为一种客体关系,投射性认同构成了与一个部分分离的客体在一起并建立关系的方式。最后,作为一种心理改变的途径,投射性认同是一个过程,通过这个过程,和一个人正在与之作斗争的情绪类似的情绪,被另外一个人在心理上加工了,然后可以用一种改变了的形式再内化。

　　投射性认同这些功能中的每一个,都是在婴儿早期试图感知、组织,以及管理他的内部和外部体验,并与他所处的环境沟通的背景之下逐渐形成的。婴儿面临着极其复杂、令人困惑,以及令人恐惧的一连串刺激。在"够格"母亲(Winnicott,1952)的帮助下,婴儿可以开始组织他的体验。在朝着更有组织努力的过程中,婴儿发现了让危险、痛苦、令人恐惧的体验与舒适、令人安心、使人平静的体验分隔开来的重要性(Freud,1920)。这种"分裂"逐渐确立为早期组织和防御模式的一个基本部分(Jacobson,1964;Kernberg,1976)。作为这种组织模式的细化和支持,婴儿会利用摆脱自己身上的部分幻想(投射性幻想)和将其他人的部分吸收进他自己的幻想(内射性幻想)。这些思维模式帮助婴儿将心理上重要的东西和感觉具有危险和破坏性的东西分开。

　　这些心理组织和稳定性方面的尝试发生在母-婴二元体的背景之内。斯皮茨(Spitz,1965)将母亲和婴儿之间最早的"准心灵感应"交流描述为一种"机体统觉性"类型,其中感知是发自内心的,而刺激是"接受的"，而不是"感知的"。母亲的情感状态被婴儿"接受"，并以情绪的形式记下来。母亲也会使用一种机体统觉性的沟通模式。温尼科特（Winnicott）讨论了在新生儿的母亲身上看到的母性接受能力的提升状态：

> 我认为，要理解母亲在婴儿生命最开始时的功能，就必须看到她达到的一种高度敏感的状态，这种状态几乎是一种疾病，然后再恢复——只有母亲以我所描述的方式变得敏感，她才能与婴儿感同身受，并因此满足婴儿的需求。
>
> （Winnicott，1956，p.302）

正是据此，婴儿发展出作为一种幻想模式的投射性认同，伴之以既有防御也有沟通功能的客体关系。投射性认同可以帮助婴儿在感觉好的东西与感觉坏的、危险的东西之间保持安全距离。婴儿可以用幻想的方式将自己的一部分放置到另外一个人身上，这样婴儿就不会感觉与那个部分或者另外一个人失去联系。

在沟通方面，投射性认同是一种方法，采用这种方法，婴儿通过让母亲感受到她的孩子正在感受到的东西来感觉被人理解。婴儿不能说出他的情绪，因此作为替代，他必须在母亲身上诱发那些情绪。除了作为一种人际沟通模式之外，投射性认同还是一种原始的客体关系、一种与在心理上只是部分分离的客体相处的基本方式。它是客体关系的一种过渡形式，位于主观性客体阶段和真正的客体关系阶段中间。

这将我们带到了投射性认同的第四个功能，也就是心理改变的一种途径。让我们想象，一个孩子对他想要毁灭任何令他受挫或者反对他的人的愿望感到恐惧。这个孩子也许会通过无意识地将他的毁灭性愿望投射到他的母亲身上来处理这些情绪，然后，通过与她的真实互动，在她身上引起一些情绪以至于她有一种自己是一个无情、自私、想要毁掉任何阻碍她的目标实现和愿望得到满足的东西的人的感觉。例如，这个孩子可能在日常生活的很多领域反复表现出固执的行为，例如将吃饭、上厕所、穿衣服、晚上上床睡觉、早上起床、留下来和另外一个照顾者在一起，等等事情，搞得像打一场大战一样。母亲也许开始不切实际地感觉到，她不断地到处在家里发脾气，在一阵受挫导致的狂热愤怒中，随时可以杀死那些挡在她和她想要的东西中间的人。

　　一位没有充分解决她自身关于毁灭性愿望和冲动的母亲，将会觉得很难容忍这些情绪。她也许会通过与这个孩子拉开距离或者拒绝触摸孩子来处理它们。或者她也许变得心怀敌意，甚至具有攻击性，或者对他极为粗心大意，让他有生命危险。为了让孩子不要成为目标，这位母亲也许将她的情绪置换或者投射到她的丈夫、父母、员工，或者朋友身上。或者，这位母亲可能对这些受挫和破坏性情绪感到如此内疚或者如此恐惧，以至于她变得过分保护，从不允许这个孩子走出她的视线之外或者冒险，因为担心他受伤。这种类型的"亲密"可能会变得高度性化，例如母亲时常爱抚孩子，以向她自己证明她没有用她的触摸伤害他。

　　这些处理激起的情绪的模式中的任何一种，都可能导致向这个孩子确认——愤怒地想要毁灭令人受挫的客体的愿望对他自己和他重要的客体都是危险的。在这个例子中，从母亲身上内化的东西将会是一个比以前更为强烈的信念,那就是这个孩子必须摆脱这些情绪。此外,这个孩子可能会内化这位母亲处理这种类型的情绪的病态方法(例如,过度地投射、分裂、否认,或者激烈地见诸行动)。

另外,处理好这些投射情绪需要这位母亲将这些情绪与她自己的其他方面整合起来,例如,她健康的利己,她接受孩子妨碍了她得到她想要的东西而愤怒和厌恶的权利,她对自己容纳这些情绪而不过度疏远或者报复性攻击的能力有信心。所有这些都不需要被母亲的意识觉察到。这种心理整合构成了投射性认同的加工阶段。通过母亲与孩子的互动,孩子可以将加工过的投射(其中包含这样一种感觉,即母亲可以控制她的挫败感和毁灭性的报复愿望)再内化。

没有任何东西可以将投射性认同与任一特定的发展时间表联系在一起,仅有的要求是:(1)投射者能够投射幻想(尽管它的象征化模式通常非常原始)并建立特定类型的客体联结性,它们参与投射性认同的诱导和内化阶段;(2)投射的客体能够参与到那种客体关系中去,这种客体关系包括接受投射并将其加工。在发展的某个时刻,婴儿变得能够完成这些心理任务,只有在那个点上,投射性认同的概念才适用。

历史视角

梅兰妮·克莱因(Melanie Klein)在《论某些分裂样机制》(*Notes on Some Schizoid Mechanisms*, 1946)中引入了投射性认同这一术语,并将其应用在一个产生于偏执-分裂发展阶段的心理过程中,其中自我"坏的"部分被分裂开来并投射到另外一个人身上,以便去除掉一个人自我中的"坏客体"——它威胁要从内部摧毁自我。这些坏客体(死本能的心理表征)被投射出去是为了"控制和占有客体"。

克莱因另外唯一一篇详细讨论投射性认同的论文是《论认同》(1955)。在那篇论文中,通过讨论"如果我是你"——一个由朱利安·格林所写的故事,克莱因生动地描述了在投射性认同过程中涉及的主观体验。在格林的故事里,恶魔给了英雄离开他自己的身体,并进入和占有任何一个他所选择的人的身体和生活的能力。克莱因对英雄将他自己投射到另外一个人身上的经历的描述,捕捉到了占有别人、控制那个人,但是并不完全丧失一个人真正是谁的那种感觉。它使一个人成为另外一个人身上的拜访者,并且被这种体验改变、产生完全不同的感觉。此外,这一描述使我们深切体会到克莱因观点中的一个重要方面:投射性认同的过程让投射者内心枯竭,直到被投射的部分成功地再内化。控制另外一个人并让那个人按照自己的幻想行事的企图,需要付出极大的精力并花费巨大的心理能量,这让投射者精疲力竭。

威尔弗雷德·比昂(Wilfred Bion, 1959a, 1959b)在详细说明和应用投射性认同概念上迈出了重要的几步。他将投射性认同看成个体治疗以及各种类型的团体中,病人和治疗师之间最为重要的沟通形式。比昂强有力的临床视角有助于强调这一过程中,克莱因没有清晰阐述的一个方面,"分析师感觉到,他正在被操纵以便在别人的幻想中扮演一个角色——不管多么难识别出来"(1959a, p.149)。

比昂坚定地认为,投射性认同不仅是一个幻想,而且是一个人对另外一个人的操纵,因此是一种人际互动。他的著作捕捉到了作为投射性认同的接受者的体验中,某些古怪和神秘的特征。他提出,这一体验就像有一个不是自己的想法一样(Bion,1977b)。他还描述了一位家长不能允许他自己接受孩子的投射性认同或者孩子不能允许他的父母以这种方式行使功能的负面影响:

> 投射性认同让(婴儿)有可能在一个足够强大以容纳他的情绪的人格中探索他自己的情绪。对这一心理机制的使用的拒绝,不管是通过母亲拒绝作为婴儿情绪的存放处,还是通过病人的仇恨和嫉妒不允许母亲行使这一功能,都会导致婴儿和乳房之间联结的破坏,并因此导致好奇的冲动的严重障碍,而所有的学习都依赖于这一好奇的冲动。
>
> (Bion,1959,p.314)

正常发展的必要方面包括:孩子感觉他的父母是他的投射性认同的容器,是可以安全而可靠地加以依赖的人,以及是容许他以这样的方式使用他们的能力的人。

赫伯特·罗森菲尔德在投射性认同理论对精神分裂症的临床应用方面贡献了几篇重要的早期文献。特别是,他用这一概念来追溯人格解体和精神混乱状态的起源。

即使其他精神分析思想流派的成员并不经常使用投射性认同这一术语,但是非克莱因派对这一概念的发展一直都很重要。例如,虽然唐纳德·温尼科特极少在他的著作中使用这一术语,但是他大部分的工作都是研究母亲在早期发展中的投射性认同,以及它对正常和病理发展的影响。例如,他关于冲击和镜映的概念(1952,1967)。

迈克尔·巴林特(Michael Balint,1952,1968)关于他对治疗退行的处理的描述,尤其是在他称之为"新开始"的治疗阶段,非常密切地聚焦于与投射性认同的处理直接相关的技术上的考虑。巴林特告诫我们,不要强行做出解释或者以其他方式对病人所引起的情绪采取行动;相反,治疗师必须"接受""同情""容忍"和"宽容"病人以及病人正与之斗争并请求治疗师去识别的情绪。

分析师并不热衷于立刻"理解"所有的一切,尤其是,不热衷于通过他正确的解释"组织"和改变任何不合心意的东西;事实上,他更能耐受病人的痛苦,并能够容忍它们——也就是说,承认他的相对无能——而不是为了证明他的治疗全能,尽力将它们"分析"走。

(1968,p.184)

我将这部分看成一个有说服力的声明:分析师的任务是可以接受病人的投射性认同,而不用对这些情绪采取行动。

在治疗师(或者家长)必须接受病人(或者孩子)的投射性认同这一方面,哈罗德·西尔斯(Harold Searles)丰富了我们的语言。在《精神分裂症的心理治疗中的移情精神病》(*Transference Psychosis in the Psychotherapy of Schizophrenia*)一文中,西尔斯解释了治疗师克制自己、不采取僵化的防御方式阻止自己体验病人情绪的一些方面的重要性。

病人发展自我力量……通过认同这样一位治疗师,他可以忍受,并将由病人所培养的、主观上非人性的部分客体关系联结整合进他自己更大的自我中。

（1963，p. 698）

西尔斯补充道，

治疗师在治疗共生阶段感觉真正深入地参与进病人与他的"妄想移情"关系中去的程度……是很难用语言传达的；治疗师必须开始认识到这种程度的情绪参与不是"反移情精神病"的证据，而是在这个治疗的关键时期病人需要从他那里得到的东西的本质。

（1963，p.705）

西尔斯在这里提出了一个观点，那就是心理治疗，至少在退行的某些阶段里，只能进展到治疗师可以允许他自己感受病人正感受到的东西（强度会减弱）的程度，或者用投射性认同的术语来说，允许他自己开放地接受病人的投射。这一"情绪参与"并不等同于变得和病人病得一样重，因为治疗师除了接受投射之外，必须加工它并将它整合进他自己更大的人格中去，让这一经过整合的体验可以被病人再内化。在一篇更新一点的论文《病人作为精神分析师的治疗师》（*The Patient as Therapist to the Analyst*, 1975）中，西尔斯详细描述了在分析师努力保持对病人的投射性认同开放的过程中内在的成长机会。

有越来越多的文献在澄清投射性认同的概念，并将这一概念整合到一种非克莱因派精神分析的框架之中。马林和格罗特斯坦（Malin &

Grotstein)提出了关于投射性认同的一种临床表述方式,根据三个元素来讨论它,让这一非常庞杂的概念变得更加容易处理:投射,创造出外部客体和投射自我的"融合",以及再内化。这两位作者提出了一个观点——心理治疗由加工投射性认同来修正病人的内在客体所组成。解释被看成一种可以帮助病人去观察"分析师如何被接受和承认他的投射"的方式(p. 29)。

　　最后,我想要提一下罗伯特·兰斯(Robert Langs,1975,1976)的工作,他当前正致力于发展心理治疗和精神分析的一种适应–互动框架。他的努力代表了投射性认同这一概念作为一种理解治疗过程的方法,其重要性和有用性渐渐得到了认可。兰斯主张,精神分析理解必须从将分析师主要看成一个屏幕,转换到将他看成一个"病人病理内容的容器,他完全参与到分析互动中"(1976)。通过做出这样的转换,我们澄清了治疗师对病人的移情和非移情材料的反应的本质,并且我们处在一个更好的位置上,去做在病人的治疗中必须做的自我分析工作,尤其是更正技术方面的错误。对于兰斯来说,投射性认同是互动指涉框架之内基本的研究单元之一。

技术和理论启示

解释对沉默的容纳

当治疗师观察到他正在以与他的病人的投射性幻想一致的方式感受他自己的时候，也就是说，当他觉察到他是他的病人的投射性认同的接受者的时候，他会怎么做？这个问题的其中一个回答是治疗师什么也不做；相反，治疗师容忍这些激起的情绪，而不否认或者尝试用别的方式摆脱它们。这就是让自己开放地接受投射的意义所在。它的任务是容纳病人的情绪。

例如，当病人绝望地感觉到自己不可爱并且治不好了的时候，治疗师必须能够忍受治疗师和心理治疗对这位绝望的病人来说毫无价值的感受，并通过终止治疗来摆脱这些情绪这样的事实（参阅Nadelson，1976）。病人所呈现的"真相"必须被当成一种过渡现象（Winnicott，1951），在这种现象中，病人的"真相"是真实或者幻想这一问题从来都不成问题。与过渡现象一样，它同时既是真实的又是不真实的，既主观又客观。从这个角度来说，"如果病人永远也不会更好，为什么治疗应该继续"这一问题，从来不需要治疗师对之采取行动；相反，治疗师试着忍受他卷入的与一位绝望的病人所进行的绝望的治疗之中，并且，他自己是一位绝望的治疗师。这当然是部分真相，病人觉得它是全部的真相，治疗师必须感觉它在情感上是真实的，就像足够好的母亲必须能够赞同孩子对毯子的安抚和给予生命的力量的真实性一样。一位共情的母亲绝不会问她的孩子,一张毯子是否真的可以让事情变得更好。

关于处理投射性认同,有几个深层次的方面必须加以考虑。首先,治疗师并不仅仅是一个空空的容器,病人可以将投射性认同"放"在里面。治疗师是一个人,有自己的过去,有压抑的潜意识,还有一套个人的冲突、恐惧和心理难题。其次,病人正在与之作斗争的情绪,对分析师来说是充满情感、痛苦、装满冲突的人类经验领域,对病人来说也是如此。人们希望治疗师因其自身的发展经历和个人分析而产生的更高的心理整合,相比于病人来说,有更少恐惧等类似负面情绪,也更不躲避它们。然而,我们在这里处理的并不是一个要么全有要么全无的事情,而是需要治疗师这一方付出相当大的努力,拥有足够多的技巧并"拼尽全力"(Winnicott,1960a)的事情。治疗师的理论培训、个人分析、经验、心理感受性(psychological-mindedness),以及心理语言是可以用来忍受他正努力去理解和容纳的体验的主要工具。

治疗师对病人的投射性认同的理解,应该向病人解释多少? 治疗师不仅理解而且清晰、准确地用言语表达他的理解的能力,对治疗有效性来说是起重要作用的(Freud,1914a;Glover,1931)。就投射性认同来说确实是这样,因为恰到好处的澄清和解释不仅对病人有价值,而且对治疗师容纳激起的情绪也至关重要。

然而,治疗师的理解有时候在治疗师看来是一个正确的解释,但对病人来说也许时机并不恰当。在这种情况下,解释应该是"沉默的"(Spotnitz,1969),也就是说,在治疗师的心里用语言来表达,但是不向病人说出来。沉默的解释相比于向病人提供的解释,可以容纳多得多的自我分析材料。用这种方式持续地进行自我分析,在治疗师努力与病人在他身上激起的情绪作斗争,容纳它们,并从中获得成长的过程中,是十分宝贵的。

这里有一个危险,那就是治疗师也许会受到诱惑,将对病人的治疗仅仅当成一个舞台,用于帮助治疗师找到解决自身心理问题的办法。这可能会导致病人重复早年致病的互动(在病理性自恋病人的童年中经常报告的),其中母亲的需要几乎是母亲–孩子关系中唯一的焦点。(见Ogden,1974,1976,1978a,以获得关于这种形式的母亲–孩子互动的进一步讨论。)

容纳投射性认同失败

技术上的错误,经常反映出治疗师这一方没能充分地容纳病人的投射性认同。不管是通过认同病人处理投射的情绪的方式,还是通过依靠他自己惯用的防御,治疗师可能会逐渐地过度依赖否认、分裂、投射、投射性认同,或者终止治疗,以便防御所激起的情绪。这一从根本上来说防御性的姿态,可能会导致"不当的治疗联盟",其中病人和治疗师"在他们的关系中寻求满足和防御强化"(Langs,1975,p.80)。为了支持他自身的防御,治疗师也许会开始在技术上出现偏差,甚至会违背心理治疗和精神分析的基本原则和框架,例如,通过将关系延伸到社交背景之中,给病人礼物,或者鼓励病人给治疗师礼物,或者违背保密原则。没能适当地加工一个投射性认同会以一两种方式反映在治疗师的回应中:要么是通过对觉察到激发的情绪采取一种僵化的防御,要么是允许情绪或者针对它的防御转化为行动。这两种类型的失败中的任何一种都会导致病人对初始投射情绪的再内化,加上治疗师对这些情绪的恐惧以及不当处理,病人的恐惧和病理防御被巩固并且扩大了。此外,病人也许会对得到这样一位治疗师帮助的前景感到绝望,因为他有和病人的病理的重要方面相同的特点。

治疗师在容纳病人的投射性认同方面的失败,通常是格林贝格(Grinberg, 1962)所称的"投射性反认同"的一种反映。在这种对投射性认同的回应方式中,治疗师没有在意识上觉察到它,完全将他自己体验为与病人的投射性幻想中描述的一样。治疗师感觉无法阻止自己成为病人无意识地想要他成为的东西。这与在治疗上接受病人的投射性认同不一样,因为在后者中,治疗师对这个过程有觉察,并且只是部分地、强度减弱地共享病人无意识地激起的情绪。成功处理投射性认同的关键是平衡:治疗师必须足够开放以接受病人的投射性认同,但是与这一过程保持足够的心理距离,以便为治疗互动的有效分析留出余地。

治疗师的投射性认同

治疗师也可以向病人施压来确认治疗师自己的投射性认同。例如,治疗师有一个复杂的多因素决定的愿望,希望他们的病人"康复",而这经常是一个全能幻想的基础,这一幻想就是分析师将病人变成了期待中的病人。通过他自身的投射性认同,治疗师经常可以给病人施加压力,让病人犹如期待中"治愈了的"病人一般行动。一个相对健康的病人通常可以觉察到这一压力,并通过说类似的话使治疗师意识到它,"我不会让你把我变成你的另一项成就"。这种类型的陈述,不管是由多少因素共同决定的,都应该让治疗师意识到这一可能性,那就是他可能参与了投射性认同,而这位病人成功地加工了这些投射。如果病人不能以这种方式加工投射性认同,要么顺从了这一压力(通过成为"理想的"病人),要么反抗这一压力(通过阻抗的猛增或者通过终止治疗),都会更加具有破坏性。

温尼科特(1947)也提醒我们,治疗师和父母对他们的病人和孩子的期待,并不纯粹是治愈和成长,也有攻击或者毁灭病人或者孩子的充满恶意的愿望(另请参阅 Maltsburger & Buie, 1974)。一个僵持的治疗、一位长期沉默的病人,或者病人间歇性的自我毁灭或暴力活动,都可能是病人努力顺从治疗师的投射性认同的迹象,这一投射性认同包含对病人的攻击或者对病人的摧毁。就像温尼科特提出的,父母和治疗师必须能够整合他们对他们的孩子和病人的愤怒和谋杀愿望,而不用根据这些情绪采取行动,否认这些情绪,或者将它们投射出去。治疗师这一方反复出现的不发生变化的投射性认同,如果被识别出来,应该让治疗师意识到,需要认真地审视他自身的心理状态,以及有可能的话,寻求更一步的分析。

相关的心理过程

澄清投射性认同与一组相关的心理过程的关系是很重要的,这些心理过程包括投射、外化、内射,以及认同。(投射性认同与移情和反移情概念的关系将会在第三章和第八章中处理。)

投射

在投射性认同所涉及的投射思维模式与作为独立过程的投射之间,必须做出一个区分。在前者中,投射者在排除出去的情绪、想法或者自体表征上,主观上体验到一种与接受者合一的感觉。与之相比,在投射中,在幻想中排除出去的自我部分被否认了,并且被认为是接受者所有。投射者不觉得与接受者亲密;正相反,接受者通常被感觉成是陌生、奇怪和令人恐惧的。

外化

外化的概念(如 Brodey,1965 所讨论的)指的是一种特定类型的投射性认同,其中有一种对现实的操纵,为了给客体施加压力以顺从投射性幻想。然而,从广义上说,每一个投射性认同都有"外化",因为投射性幻想是从心理表征、思想和感受的内部舞台,移动到其他人和投射者与他们互动的外部舞台中。与其简单地改变一个外部客体的心理表征,不如通过投射性认同在另外一个人身上产生情绪和行为的特定改变。

内射和认同

就像与投射形成对照的投射思维模式,可以被看成投射性认同初始阶段的基础,第三个阶段可以理解为以一种内射模式为基础,与内射形成对照。在投射性认同的最后阶段,个体想象他自己重新获得被"安放在"另外一个人身上的自我的部分(Bion,1959b)。和这个幻想结合在一起的是一个内化过程,其中接受者处理投射性认同的方法被感知到,并努力让接受者的这一方面成为自我的一部分。

按照谢弗的概括(Schafer,1968)的观点,内射和认同是内化过程的不同阶段。根据投射者的成熟程度,所使用的内化过程的种类可以从原始的内射,变动到成熟类型的认同。在内射中,内化的接受者的方面被不充分地整合到人格系统的剩余部分中,并被体验为自我内部的一种外来元素("一个存在")。在认同中,动机、行为模式,和自体表征以一种方式被修正,以至于个体感觉他在接受者的一个特定方面上,已经变得"像"接受者或者与接受者"一模一样"。因此,内射和认同指的是内化过程的不同类型,它们可以在很大程度上独立于投射过程而运作,或者作为投射性认同中的一个阶段。

总　结

这一章通过对客体关系与幻想的关系的描述澄清了投射性认同的概念,这一客体关系是投射性认同这一内心–人际过程中必然会引起的。投射性认同被看成一组幻想,以及与之相伴的客体关系。这个客体关系涉及三个阶段,它们一起组成了一个心理单元。首先,在初始阶段,投射者无意识地幻想摆脱自我中的一个部分,并将那个部分以一种控制的方式放到另外一个人身上。其次,通过人际互动,投射者向接受者施加压力,让其体验到与投射一致的情绪。最后,接受者在心理上加工投射,并让修正过的投射版本可以被投射者再内化。

投射性认同,就像这里所阐述的一样,是一个有着如下功能的过程:(1)一种防御,一个人通过它可以使自己远离一个不想要的或者有内在危险的部分自我,同时在幻想中让这个部分在接受者身上继续活着;(2)一种沟通模式,投射者通过它被人理解,方法是向接受者施加压力,去体验一套与他自己类似的情绪;(3)一种客体关系类型,其中投射者将接受者体验为足够分离以作为自我的一些部分的容器,但是又足够一体以维持实际地分享投射者的情绪的幻想;(4)一种心理改变的途径,通过它,与投射者正在与之斗争的情绪类似的情绪被接受者加工,从而允许投射者认同接受者对激起的情绪的处理方式。

第三章　技术问题

正如移情的概念一样，投射性认同为理解临床现象提供了一个背景，但是并不规定治疗师传达其理解的具体技术。克莱因派、英国中间学派、现代精神分析学派，以及经典精神分析师都同意，移情是精神分析工作的核心，虽然如此，这些团体中的每一位，在分析移情时所采用的技术都有显著的不同。同样，投射性认同概念为思考发生在心理治疗和精神分析中的临床现象提供了一个框架，但是治疗师的干预模式将会由另一套原则来决定，这些原则构成了技术理论：应该优先处理的临床材料（意识、潜意识，或者无意识，防御或者愿望，表层或者深层，早期或者晚期发展水平，等等）；干预的时机；干预的形式（言语解释、面质、澄清、发问、沉默解释、在管理治疗框架方面的改变，等等）。

在这一章里，将会提出一套与在精神分析性心理治疗中处理投射性认同相关的技术层面的原则，并通过案例材料来演示并讨论这些技术原则。[1]在第四章中，会将这里提出的处理投射性认同的模式与其他流派

1　我感谢迈克尔·巴德、阿黛尔·莱文和斯坦利·齐格勒医生，因为他们允许我在这本书里讨论他们临床工作的一部分。

的分析师所信奉的技术理论进行比较,包括经典精神分析学派、克莱因派、英国中间学派,以及现代精神分析学派。

尽管没有一个特定的治疗技术是投射性认同所固有的,但是对治疗过程的理解是内在于这个概念的。治疗师对病人的投射性认同具有治疗作用这一观念,基于一种关于个人心理成长的人际概念:一个人在互动的基础上从另外一个人身上学习(在幻想中,"吸收另外一个人的品质"),在这些互动中,投射者最终收回(再内化)他自己的一部分,这一部分已经被接受者整合并做出了些微的修改。病人从原本属于他的东西中学习。在讨论精神分析技术的时候,弗洛伊德(Freud,1913)提出了类似的观点,关于病人可以从分析师的解释中领会的东西。他说到,分析师不应该提供解释,直到病人"已经如此接近于它,以至于只需迈出一小步,他自己就可以得到它"(p.140)。

这一章以及本书中其他地方所讨论的处理投射性认同的治疗技术,是用来让本来已经属于病人的东西以一种些微被修正过的形式被他所利用,这些东西之前无法以整合和心理成长为目的而加以使用。在心理治疗中的某个特定时刻,达成这一目标的最好方式是言语解释。这一章将会讨论是什么因素决定一个人在治疗的什么时候处在这样的点上,以及这样的解释可能会采取的形式。然而,言语解释并不是达成上述治疗目标的唯一方式,即使是治疗相对健康的病人。对于那些病情更加严重的病人来说,言语解释所起的作用相对来说较小。[1]

在治疗主要处理与完整客体关系[2]形式相关的移情的时候,治疗师适时的言语解释将会修正病人的一部分固有观念。然而,当治疗主要处理与前语言期部分客体关系形式相关的移情的时候,言语解释通常被认为是没有说服力的。不仅那些不正确或者不合时宜的解释是这样的,所有试图用语言来解释意义的尝试也是这样的。这种努力(理解个人意义)本身只是治疗师的自说自话,并不是对病人的反映。在这些情况下,病人面临着两难选择,要么(1)努力通过内射这个解释来维持与治疗师的联结,即使他不觉得那是他自己的;要么(2)拒绝这一解释,风险是回归孤独状态,与治疗师断开联结。通常,当病人以一种未经消化的形式内射一个解释的时候,他会觉得自己主动或者被动放弃了个人的存在,转而以一种刻板的方式变成了治疗师。当病人在某个时刻(常常是在治疗结束或者中断之后)与治疗师断绝关系时,通常认为他们是危险的、自私自利的、毁灭性的,如此等等。

1　应该记住的是,即使治疗中部分或者全部采用了非解释性的方法,治疗工作也许仍然是精神分析性的。在讨论精神分析运动历史的时候,弗洛伊德(Freud,1914c)写道,在他看来,如果治疗将对移情和阻抗的理解作为它的出发点,那么这个治疗就是精神分析性的。

2　完整客体这个术语指的是一个人将另外一个人体验为与自己是分离的(也就是说,有独立于一个人的生活、感受和想法),尽管一个人对另外一个人的感受转变了,他还是那同一个人。部分客体这个术语指的是对另外一个人更加原始的感知。客体的很多方面被体验为独立存在着。例如,母亲令人挫败的方面构成了与母亲养育的一面不同的一个人。这个客体不被体验为完全独立于一个人,而通常被感觉是在一个人的全能控制之下(例如,客体可以被魔法般地摧毁和重新创造)。

那些对言语解释做出反应的病人,为了避开治疗师,甚至会与治疗师完全脱离关系。在治疗师看来,这样的病人是如此封闭和重重防御,以至于治疗师也体验到相应的孤立、挫败感和无能为力感,甚至最准确、最适度、时机恰到好处的干预对病人来说似乎都不起作用。其他病人感激地接受治疗师的解释,似乎不仅理解它们,还以它们为基础进一步成长。因此对于治疗师来说,承认在治疗了几年之后病人没有什么改变,是更令他感到失望的。

必须记住的一点是,投射性认同的视角既不要求也不排除使用言语解释;治疗师试着找到一种和病人交谈,并且和病人在一起的方式,这一方式将会构成一个媒介物,通过它治疗师可以接受病人内部客体世界中未整合的部分,然后以病人可以接受并从中学习的方式将它们返给病人。

以下关于心理治疗技术的评论绝不是处方;相反,它旨在阐明在刚刚讨论过的对投射性认同与心理改变之间的关系的理解所描绘的框架内工作的方式。(在这一章,只讨论由病人发起的投射性认同;第六章讨论如何管理治疗师发起的投射性认同。)

投射性认同的临床识别

在投射性认同这一概念的临床应用中,出现的一个问题是:治疗师怎么知道他已经成了病人投射性认同的接受者？当治疗师开始怀疑时，他逐渐对他自己和病人形成了一种固执而且极其局限的看法，而这一看法是病人很看重的，这时候当然可以考虑这一可能性了。换句话说，治疗师发现他在病人的一个无意识幻想中扮演了一个角色（Bion, 1959a）。这一"发现"必然在某种程度上是一种回顾性的判断，因为治疗师在识别出来之前，一定参与了这一无意识的人际建构。

因为治疗师无意识参与到了投射性认同之中，所以这种类型的内心–人际事件的意义通常不容易被识别出来，但是那些局外人（例如，顾问和同事）更加容易感知和理解。治疗师从病人的投射性认同中将自己解脱出来的任务，有时候可能涉及痛苦地向自己承认，他已经被"拉入"病人病变部分的上演之中。

当一位经验丰富的治疗师在案例会议上呈报他的工作的时候，他已经在长程住院部门为一位青少年患者做了大约18个月的治疗。他从与这位病人工作的经验中得出结论：她没法得到帮助，因为她强烈地想要打败和惩罚她自己的需求。这一需求在无穷无尽地自杀姿态和持续地从医院出逃，以及怪异和有潜在危险的性暴露癖和乱交中表现出来。这位治疗师强调这一"现实"，那就是持续治疗这位病人将会是对医院床位的误用，其他病人可以更好地利用她的床位。此外，如果继续治疗这位病人，医院本身也会受到损害，因为病人的性和自我毁灭行为会有对医院的宣传不利的风险。这位治疗师在会上说这些的时候，带着一种确信，并且带着自己已经接受了病人一定会被转到州立医院去的感觉。当同事就病人转院的必然性加以询问的时候，这位治疗师表现出了明显的沮丧和相当大的不耐烦。

在前面18个月治疗的大部分时候,他们都保持着一种非常有力的沟通方式,这种方式是在治疗师身上唤起感受。为了感受到与治疗师有任何程度的联系,这位病人觉得有必要让治疗师感受到她的感受,拥有她的"认识",那就是关于病人最深刻的真相(现实中,一个部分真相)是她永远都无法得到帮助,因为她的疯狂将会消耗和打败任何一个想要走近她的人。治疗师成了这些感受的容器,并且不但感觉它们是他自己的,而且是永恒和绝对的真相。

在讨论的过程中,这位治疗师逐渐能够理解,这一治疗僵局是病人一套极具影响力的内化早期客体关系的外化。在这一关系中,病人的母亲将病人看成她自身原始的疯狂自体的化身,对她自身脆弱地保持着的清醒的一种直接威胁。

与病情非常严重的病人一起工作,通常必须辅以与督导师、会诊咨询师,或者同事进行持续的对话,因为在识别一个人在病人的投射性认同中的无意识参与的过程中,所承担的心理工作很有难度。在与病人的关系中,形成这种无意识共享的、顽固的、在很大程度上未受质疑的对自己的看法,是投射性认同的特点之一。

治疗师作为边缘型或者精神分裂症病人的投射性认同客体的体验,也许会和治疗整合得相对好的病人的体验形成对照。在治疗相对健康的病人的时候,治疗师通常能够维持一种灵活而且相对脱离的"平均悬浮注意力"的心理状态(Freud,1912b),虽然我感觉即使是相当健康的神经症性病人一般会给予治疗师这样的自由,是一种错误观念。神经症病人的治疗师确实有时候体验到与病人的一种情绪距离,让他可以在倾听的时候有把握地知道,他并没有共享病人的情绪、想法和问题。治疗师可以自由地测试一种又一种认同。例如,在病人叙述他对他的孩子轻微施虐的时候,治疗师可以暂时认同病人;一会儿之后,认同试图否认家长的敌意而想缓和关系的孩子。在依次尝试了神经症患者正在感受和思考的两个方面之后,治疗师可以自由地将他的注意力聚焦在临床材料的一个或者另外一个方面上。

下面从对一位年近40岁的成功商人的心理治疗中截取的片段,展现了一种治疗关系的性质,在这种治疗关系中治疗师能够从一个安全可靠的心理距离来看待病人,也就是说,从清晰的自体–客体分化的有利位置。

病人B先生,受到对死亡的神经症性恐惧以及其他强迫观念的折磨,几天之前被告知,他已经工作了11年的广告公司将被迫关闭。在收到这个消息之后,病人每一次治疗的大部分时间里都在哭泣,并且说他不知道将来会做什么工作,也不知道他怎么养活他自己和家人。"当然我不能再支付后续治疗费用了。"治疗师认识到,病人的想法和感受中除了基于现实的成分之外,还有对正在发生的事情的非理性移情因素。

在他的童年,B先生通过心身疾病、恐惧症,以及其他形式的痛苦吸引他通常非常忙的母亲——一位内科医生的注意力。治疗师理解当前的情境部分是一种移情重现,是病人试图吸引治疗师注意力的表现,因为现在病人将治疗师看成冷漠和自私的。这位治疗师,虽然不是对病人无动于衷,但是并不觉得需要马上去安慰他。对于治疗师而言,将他的注意力导向解释病人需要与治疗师重现一种婴儿形式关系的任务上并不难，通过之前的工作，病人已经对这一需求有了一定的理解并做出过一些努力去放弃。

病人对治疗师看法的扭曲，代表了他无意识中将对他母亲总体印象的某些部分投射到了当前对治疗师的感知之上。如果这是一种投射性认同，那么病人将不但无意识地试图改变他对治疗师的看法，而且也会改变治疗师本身。这将会对治疗师施加可观的人际压力，让他参与到一种分化形式更低的关系中去，并且共享病人的痛苦（正如他的母亲以前那样），就像失去工作不仅是病人的问题，也是治疗师的问题。治疗师也许会感动，给出建议或者考虑降低治疗费用以"拯救治疗"。在对神经症患者的这段治疗中，治疗师相信病人有能力观察和理解他哀怨地与治疗师建立关系背后所潜藏的愿望。病人自己最终能够指出，他前意识地对治疗师隐瞒了一些信息，这些信息会清楚地表明病人的预后并不像他表现的那样毫无希望。

下面的片段，是从对一位边缘型病人的心理治疗中截取的，聚焦于治疗师识别出他作为病人投射性认同接受者的参与过程，以及他在利用这一觉察决定他的干预内容和时机上所做的努力。

C先生，一位29岁的未婚男性，已经进行了一个月左右每周三次的心理治疗。在那段时间，他出色地从事着一份股票经纪人的工作，虽然他大学的时候有过两次精神病发作，两次都短暂住院。

病人生命的大部分时间都在和在他父亲那里"失去他自己"的感受

作斗争。这位父亲在这位病人的很多活动(少年棒球联合会、科学项目、家庭作业、交女朋友,等等)中都投注了强烈的兴趣,到了病人失去了是他自己在参与这些活动的感觉的程度。在他第二次精神病发作接下来的四年里,C先生必须断绝与他父亲的所有联系以维持他自身的独立身份。病人对他母亲的描述中细节很少,只是提到她是她丈夫的"一个影子"。

在第二个月治疗的一开始,病人所工作的证券公司的一位资深成员——病人曾经的指导者,相当突然地离开了公司,接受了另外一座城市的职位。病人开始以一种听起来像是自由联想的谈话充斥每一次治疗,但是这种谈话有强制性地将治疗师排挤出去的效果。C先生的讲话很有紧迫感,片刻也不停顿,也不邀请治疗师做出任何类型的评论。在几周之后,病人告诉治疗师,他在治疗师咨询室前面的街上看到了他,与一个他认为是治疗师同事的人在交谈。C先生说,治疗师看起来笨拙、不自然,并且软弱。C先生想象那位同事比这位治疗师更加有能力,也更加成功,并且这位治疗师是在从同事那里获取某种建议。病人说,他对说出这些感到内疚,并且不想伤害他,但这就是他的感觉。

这位治疗师,虽然通常并不会被病人的无礼弄得恼火,但随着时间的推移,他开始感到越来越不自在。当病人给他机会说话的时候,他开始觉得他的声音听起来像是闲谈。C先生报告说他在治疗中感觉"非常有男子气概",并且对自己比治疗师更加强壮和英俊,可以在任何一项运动中击败他这一"事实"感到内疚。这种将治疗师贬低为软弱、没有吸引力并娇气的情况在接下来的几周里一直持续存在。这些想法不再被标记为感受,而是逐渐被当作客观事实来对待。相比公然的无礼,扭曲现实的微妙过程是一种更加强大的人际力量。治疗师意识到,面对他自己父亲时的软弱感被与这位病人的互动再次点燃了。随着治疗师体验到这些感受,他有了一个幻想,那就是病人最终将觉得他如此地无用以至于结束治疗,去寻找一位新的治疗师。在这个点上,治疗师认为这一幻想是因为他与他自己父亲的冲突,并且自己探索了那个方面当前的情况。治疗师决定在他对正在发生的事情的移情含义有更好理解之前,先不干预。

治疗了大约三个月之后,治疗师开始觉察到他之前只是潜意识地知道的东西:病人在谈到他之前的指导者突然离开之后,就再也没有提起过他。C先生第一次提起他时没有就这一事件谈很多。然而,随着治疗师更多地思考在之前的两个月里病人身上发生的变化,以及强烈的软弱和没有吸引力的反移情感受,他开始考虑这样一种可能性,那就是他自己的感受在很大程度上是作为投射性认同的一个组成部分由病人引起的,这一投射性认同涉及病人与一位父性移情对象相关的软弱感。虽然这一投射性认同的细节仍然需要解释,但是治疗师发现投射性认同的视角已经将他从之前体验到的反移情压力中解放了出来,并让他可以创造出一个心理空间,他现在可以在这个空间内思考移情中正在发生的事情。

在前面的描述中,很明显治疗师不可能舒服地在治疗中观察病人矛盾的父性移情的展开,这一移情部分是通过对那位指导者的投射,部分是通过移情表达出来的。相反,治疗师发现他自己陷入一种充满压力和令人困惑的情绪之中,其中他有强烈的软弱感,并且对他自己的声音感到羞耻。当一位治疗师发现他自己以这种方式动摇了,他很可能正在成为一个投射性认同的接受者。这位治疗师觉察到软弱的感觉在他自己的生活中有一个重要的历史，并且能够考虑他当下生活中有可能导致这一冲突激化的新情况。然而，投射性认同的视角让治疗师可以利用他的情绪状态来增进他对移情的理解，而不仅仅是进一步了解他自己或者防止他自身的冲突干扰到治疗。

　　一旦一个人开始按照投射性认同来构想一次互动（对治疗师来说），通常有帮助的是，克制自己不要解释或者干预，让自己忍受这些被激起的感受一段时间。例如，治疗师不会试图通过立刻解释病人关于治疗师的贬低性评论中的敌意（它清晰地呈现了出来）来缓和因不足感到的不适。只有通过在治疗情境中容纳这些感受，治疗师才能够让联想链条在他自己的脑海中清晰地浮现，清晰到足以识别出来并加以思考。通常，当这些感受被识别为投射性认同的组成部分的时候，从被激起感受中来的心理压力会减轻，并且让治疗师能够获得心理上的距离。

　　然而，在获得这个距离之前，治疗师做出干预的动机很可能是有意识和无意识地想要让病人停止他正在做的导致治疗师感觉被控制、被攻击、被窒息、被束缚或被麻痹的任何事情。这些反移情感受只代表了当治疗师作为投射性认同的接受者的时候，他身上所激起的一些比较常见的无意识幻想。（参见第七章和第八章以获取进一步的临床材料，这些材料用案例的形式说明了治疗师想要从强烈的人际压力中解放的愿望，是如何与治疗师努力克制自己不要干预，直到他感觉他是从一个有足够安全的心理距离的位置上这样做来加以制衡的。）

对投射性认同所做的解释

C先生心理治疗的例子说明了一旦治疗师开始成功地按照投射性认同构思一次互动,那么某些技术性原则就会开始起作用。

当治疗师感觉,他至少理解了病人当前防御活动的一个层面,他评论说C先生几乎没有怎么谈到他的指导者J先生,并且在J先生离开公司之后尤其如此。病人描述了J先生如何对他有巨大的兴趣,并且曾经在一个重大的协议争端中站在他这一边,而这可能会对他在公司的位置带来相当大的风险。C先生感觉J先生能够看到其他人看不到的东西。这位病人补充说,J先生走后他的缺席几乎没有引起他的注意,一位同事准确地指出来,J先生的人格魅力要大于他的智商。

然后C先生再次以一种有压迫感的、过度阳刚的方式来说话,继续间接地提到现在已经接受了的对治疗师的感知,也就是软弱和没有吸引力的。对治疗师来说变得逐渐清晰的是,这位病人非常难以接受失去J先生,并且涉及软弱和被抛弃的自体在幻想中排出的投射性认同,被用作对丧失感和失望感的防御的一部分。

治疗师又倾听了几次治疗,以便确定随后的材料支持这一假设。然后治疗师利用了其中一次机会来评论病人将治疗师的身体素质不佳和工作能力差作为事实接受下来的方式。当这样一个现实的基本方面受到质疑的时候,C先生一开始有点惊讶。虽然,在他更深入思考它的时候,他对他一直思考和行动的方式感到有点惊讶。他重申,在过去的几个星期里,他感觉"非常有男子气概",这种感觉非常好,以至于他讨厌谈论这个话题,因为有可能会干扰到这一感觉。

治疗师说,他认为当J先生离开证券代理公司的时候,病人感觉他自己身上某种宝贵的东西丧失掉了,这个部分只有J先生能够欣赏。病人确认了这一点,并且说他真的感觉自己内心空虚。他说当他听到这个消息的时候,他做的第一件事情就是去那栋楼地下室的糖果机那里,买了几块糖,然后"几乎一口"吃掉了它们。他说,奇怪的是,这并没有让他感觉充实,但是他决定不再继续吃了,因为他开始感觉到恶心。这次治疗的后面一点,治疗师说,他认为C先生现在感觉他自己只剩下残渣,并试图通过将治疗师看成软弱无能的人来让他自己摆脱这些感受,因为他现在感觉他自己就是这个样子的。C先生说,他说出这些让他觉得尴尬,因为它听起来很幼稚,但是他希望成为J先生的儿子,并且他经常做关于成为J先生家庭中的一员的白日梦。在两个月的时间里,治疗中第一次有了反思性的沉默。

在接下来的一次治疗中,这位病人报告了一个梦。在梦里,C先生在一个理发店里剪头发,突然间他注意到剪了太多的头发,然后他盯着地板上的头发开始哭泣。C先生将这些头发与J先生的灰白头发联系起来。这一直是病人所担心的事情,因为它反映了J先生的年龄和死亡的危险。这些头发还让他联想到参孙[1]的故事,"他的头发被剪下来之后就失去了他的力量"。这个梦与投射性认同的关系得到了解释,并且对病

---

1 据《圣经·士师记》记载,参孙力大无穷,他的头发是他力量的来源。——译者注

人来说很明显：在幻想中，他自己与J先生混合在一起的一部分丧失掉了，现在只剩下悲伤。（头发是一个特别恰当的象征，因为它同时是自体和非自体的一部分。这一模糊性也被用在梦里面，来表达与J先生和治疗师类似的关系。）显然，梦还有另外一个层面涉及被阉割而去势，以剪头发后就丧失能力的参孙等为代表。在我们正在讨论的投射性认同中，这一层面的意义对治疗师在投射性认同的过程中激起感受，具有直接的影响。

治疗师通过对他软弱这一"事实"表示怀疑，为解释投射性认同打下了基础。如果一开始没有将投射性认同中的幻想成分与现实区分开，病人不太可能理解这次互动。只要治疗师是软弱的自体，那么病人就不能按照软弱的治疗师是作为对软弱感的防御来使用的这一观点来思考。对特定现实的扭曲是一种重要的人际手段，通过这种手段在客体身上施加压力，让他以与病人的无意识投射性幻想一致的方式看待自己。聚焦于这一对现实的修正，通常是解释投射性认同的关键准备步骤。

最终提供的解释明确提及：J先生的离开导致病人在无意识中觉得自己失去了某种宝贵的东西；将软弱自体放置在治疗师身上的防御性幻想；以及通过人际互动将这些幻想在现实中上演。

病人在梦中体验丧失的能力增强，部分确认了解释的正确性。同样重要的是在这次干预之后病人与治疗师关系上的改变。病人更加有能力忍受反思性的沉默，让治疗师有机会去清晰表达他的想法，并不时做出干预。这意味着不再需要如此严密地控制治疗师，也不再需要通过治疗中泛滥的言语迫切地与治疗师保持距离。上面所描述的投射性认同不但是对与J先生相关的丧失感的防御，而且是（也许对病人来说更加困难）对开始心理治疗的焦虑的防御。他对与治疗师的这样一种关系感到恐惧，这种关系可能会潜在地导致痛苦而矛盾的父性移情，包括在父亲那里丧失自我的感觉和强烈的阉割焦虑。

这一片段举例说明了一种适用于进行相对高水平的自体–客体分化的方法，这一分化发生在病人体验到反映自体–客体边界模糊的感受和幻想的同时或者短时间之后。换句话说，像上面所描述的两位病人，不管是之前存在的力量还是之前心理治疗的结果，能够以一种分化的方式来思考涉及低自体–客体区分的体验。就像在第七章和第八章中将会看到的，精神分裂症和严重的边缘型人格障碍病人通常不能进行这样的心理运作，因此治疗师的技术必须朝"沉默解释"的方向做出修正，直到病人发展出足够的象征化和自体–客体区分能力。

关于容纳的技术问题

现在，我想重点谈一谈在治疗上作为病人投射性认同的容器所涉及的心理工作。加工投射性认同而不按照所激起的感受采取行动，是治疗过程的一个核心层面（Heimann，1950；Malin & Grotstein，1966）。接受病人投射的部分是一种需要理解的沟通方式——相对于需要采取行动或者逃离的试探或者攻击——构成了治疗情境的背景。一种接纳性的治疗环境的重要性,再怎么强调也不为过。当容纳失败的时候,治疗师将病人尝试投射到治疗师身上的那部分自体强行返还给病人。在这样的情况下,治疗师的干预明显地或者隐秘地在说:"你在试图让我为你感受你的痛苦(或者体验你的疯狂)。"当然,这是所有投射性认同的一个方面,但是如果只处理这一方面,病人只会觉得被指责,因为他试图做自私和具有破坏性的事情。

在一个特定情境中,确立"忍受"在投射性认同的过程中激起的感受意味着什么,可能是一项复杂的任务。就像在下面的治疗片段中将会看到的,容纳的理念有时候会变得扭曲,作为"治疗性"受虐的一种合理化。

S医生,一位快50岁的欧洲精神科医生,之前在门诊部与年轻人做了大量的工作,后来开始在青少年住院部做长程的工作,这个部门的员工几乎全部都是30岁左右的精神科医生和护士。在S医生成为这个住院部的一员之后不久,有一些病人开始出于分裂的目的利用她,也就是,将她妖魔化并将她与"好的"员工进行对比。她还以这样的方式被当作投射性认同的客体,以至于她被病人(并且在比较少的程度上被部分员工)无情地当作嘲笑和蔑视的对象。S医生对投射性认同有一定的了解,并且觉得她的任务就是作为充满敌意的、负性母性移情感受的容器,她认为这些感受是病人行为的一个基本成分。在几个月的时间之内,这项任务变得如此令人痛苦并且让她的自尊受损,以至于S医生不知道如何继续在住院部工作下去。在做出转到这个部门的另外一个区的最终决定之前,她咨询了一位门诊部精神科医生,以便判断她是否无意识地促成或者维持了这一痛苦的情境。

在咨询的过程中，S医生谈到她因为不能"忍受"病人而觉得失败。她从经验中得知与青少年的工作是很困难的，他们无视她、讨厌她，甚至不愿意和她待在一个房间，他们的这种社交方式让她感到彻底泄气。她谈到她想要向她自己证明，她能够容纳他们的挖苦和蔑视，她从分裂和投射性认同的角度来理解这些挖苦和蔑视。

尽管她对病人蔑视的移情含义的理解是准确的，但是S医生并没有充分觉察到，她已经以一种受虐性的方式解释了她作为这些感受的"容器"时所充当的角色。她把投射性认同过程中所唤起的处理情感的主动心理工作，与无休止地忍受惩罚的行为混淆了。结果，S医生没能将激起的感受与她人格的其他部分整合起来。如果发生了这样一种整合，她也许能够调动起更加基于现实的自体和客体表征，其中就包括将她自己看成一个非常熟练的治疗师，选择让自己继续与这一特定群体的病人一起工作。这并不等同于病人可以随心所欲地对她施虐。简单的愤怒和蔑视上演在哪里都可以进行，并不需要治疗师或者精神病医院的员工来提供这些服务。因为S医生觉得不能在与病人互动的治疗背景下重新发挥作用，所以她在病房员工的临床会议上提出了这个问题。

S医生之前在她的个人分析中获得的自我理解，让她有可能在咨询的过程中认识到并且放下一些长期存在的无意识愿望，那就是作为父母-孩子关系中的牺牲者。她在与同事的临床会议中提出了她的担忧，而他们讨论的结果使得她对治疗框架做出了调整。S医生开始将她自己看成住院部员工中的一员，而不是其中的一个附属品。现在，她不舒服的感受被她在病人会议上作为治疗互动资料进行了讨论,而不再被看作失败。

至关重要的是,精神科住院部以这样一种方式进行临床会议,这样这种类型的问题就可以得到讨论,而不用害怕受到同事的进一步攻击。如果住院部的领导层没能提供这种类型的讨论的安全区,那么员工将会被迫独自管理情绪压力。根据我的经验,这导致住院部里(甚至在个体心理治疗中)的治疗工作几乎停摆,因为员工不再能够冒险,让他们自己在情感上可接近(和脆弱)以处理真正的治疗工作中必然会出现的感受。

在上面的讨论中,焦点在于对容纳概念受虐性的错误使用。这是一个在有潜在暴力性或者自杀性病人身上经常出现的关联问题。在与这样的病人工作的时候,治疗师身上经常会有让病人来支配治疗关系的强烈压力。下面这段材料来自一位自杀病人的治疗,凸显了当有自我毁灭威胁盘踞在治疗工作之上的时候,容纳过程中的特定困难。临床材料来自一次咨询,其中一位治疗师在治疗长期想要自杀、间歇性精神病发作的一个病人的时候,陷入了僵局,他已经为这位病人做了两年每周三次的治疗。

这位治疗师去做会诊,因为他觉得身体受到了攻击("就像我的肚子被人打了一拳"),攻击他的是病人强烈的依赖和持续的自杀威胁,两者都在大约治疗了一年之后达到顶峰。这位病人——N女士,一直抑郁但是没有自杀,直到治疗师在治疗进行到第11个月的时候去度假。治疗师回来不久,病人服用了过量的抗抑郁药,然后给治疗师打电话,后者安排她去急救中心做紧急治疗。N女士现在28岁,她曾在20岁出头时决绝地尝试过自杀,并且在那个时候住院了。她告诉治疗师,在她八年前住院期间,她被预防性拘留命令不正当地拘禁在医院。她固执地决定,她再也不同意住院了。

治疗师在回顾的时候,将病人的服药过量看成治疗中的一个转折点。他觉得他被迫要做出一个决定,要么停止治疗,要么将N女士作为门诊病人治疗,直到他必须做好准备接受她相当大的自杀风险。他决定实施后一种治疗方式。在咨询中,治疗师报告说,在过去的几个月里,病人看起来越来越苍白和瘦弱,"像一个快死的病人"。她报告说,她在房间里"像野兽一样痛苦地哀号"几个小时。在好几个月的时间里,治疗师一接到电话就觉得会传来N女士自杀的消息。最近,他觉察到自己有一种强烈的愿望,即希望她死掉,结束所有一切。

这位病人是家中最年长的孩子。她父亲是个酒鬼,而她母亲长期抑郁,每天的大部分时间都独自一人在自己的房间里哭。获得母亲的关注是如此困难,以至于这位病人会写小纸条给她,希望母亲会读到。

N女士记得,当她10岁大的时候,她的母亲半夜到她的房间来给她一个吻,病人转过身去,拒绝了她。接下来病人记得的是听到隔壁房间突然发出的响声。她母亲在自己头上开了一枪。N女士报告说,在葬礼上,有人告诉她不要哭,以免让她的弟弟们不安,或让他们认为她是导致妈妈自杀的人。

治疗师指出,在这次咨询的前一个星期,他和病人说了一些话让他自己感觉好了一些,但是他不知道这样做是否对病人有好处。他告诉她,只要自杀是一个持续和立即的威胁——就像过去一年里那样,那么他就不可能清晰地思考和有效地工作。他继续对她说,他知道她非常抑郁,但是自杀威胁必须得放在次要位置。

咨询顾问指出,即使治疗师没有从投射性认同的视角来思考,但他不愿意将应对自杀威胁当成心理治疗的重点的事实,清楚地说明了他自身具有成功容纳投射性认同的素质。问题在于,治疗师没有考虑投射性认同的观点,所以他不能为自己制定干预方案,不知道接下来如何跟进。

从投射性认同概念的视角,这个心理治疗的第二年可以看成一个特定内部客体关系的人际上演,其中治疗师被迫去体验10岁大小女孩对她长期有自杀倾向、抑郁的母亲的生与死所肩负的无法承担的责任。N女士既不能忍受对她母亲自杀(现在是一个内化了的母亲表征)的事实的持续恐惧,也不能忍受因为母亲如此地抑郁和疏远她而对母亲产生憎恨和谋杀母亲的愿望。

治疗师的干预指出,对一位有自杀倾向的抑郁女性的生命所负的责任同样也被强加在他身上。此外,他在暗示,不同于这位病人,他不觉得自己局限于病人10岁时在她与她母亲的关系中所能获得的情绪和选择范围。治疗师在隐晦地说,尽管病人激起了他的责任感,但是在现实中,他不是一位10岁大的、与抑郁的母亲住在一起的小女孩,而是一位在治疗抑郁症病人的治疗师,并且这两者之间有天壤之别。治疗师在做出这一干预之后的轻松感表明,他已经开始将他自己从没有任何选择只能在病人的无意识幻想中扮演一个特定角色的无意识感受中解放出来。然而,这位治疗师有简单地将她自己的那个部分(为她的母亲承担起令人厌恶的责任的小女孩)强行返还回去的风险,而她正试图通过投射性认同将这个部分传达给治疗师。

在这个干预中所缺少的是,治疗师没有表达他理解 N 女士对治疗师的感受和行为的无意识原因。就像所有的解释一样,治疗师应该以任何病人可以接受的东西开始,然后随着时间的推移,根据病人的需求,逐渐处理更加被否认和具有威胁性的材料。在解释投射性认同的时候,很重要的是,承认病人在试图传达关于他自己的很重要的东西,而不是简单地处理敌对的、控制的和逃避现实的动机,尽管这些动机几乎一直作为投射性认同的元素存在。通常,后面这些动机比起他想要沟通的愿望来说,更加难以接受,而且如果过早地做出解释,这个解释将会被听成是指责,然后被激烈地拒绝。

咨询顾问提出,治疗师的干预也许可以通过下面这种类型的解释加以补充:"我认为你想要我知道,为你的母亲完全承担起责任但是完全不能够帮助她,是一种什么感觉。"如果接下来的临床材料证实了这个部分的解释,那么随着时间的推移,当机会出现的时候,重要的是去处理病人的无意识幻想。在这一幻想中,病人将治疗师变成一个绝望的 10 岁小女孩,病人仍然觉得自己是这个小女孩。在分析这个无意识投射性幻想的过程中,治疗师很可能遇到病人强烈的针对母亲–治疗师的移情,以及逐出她自己痛苦的部分和她的内化客体,同时维持内化的客体关系(与抑郁母亲的联系)的全能愿望。

在接下来的治疗中,治疗师将顾问的评论记在心里,并向他自己确认了治疗师在很大意义上已经变成了内在戏剧的上演,其中他变得局限于扮演病人的角色——一个面对着自杀母亲的 10 岁女孩。对移情的解释(在这个案例中,一个投射性认同)是按照上面所讨论的方式发起的。

在做这一工作的时候,N女士开始在治疗中比之前要说得更多,她报告了一个梦(在这个治疗中是一个不常见的事件),并且注意到她对待她女儿的方式与她母亲对待她的方式之间的相似性。自杀威胁大幅度降低,随之而来的,治疗师不断地幻想他自己接到病人自杀的消息给他带来的压力也减少了。

在接下来的几个月里,治疗师第一次注意到病人似乎对他有性的吸引力。在治疗的前两年,病人只是短暂提及性,但是现在开始抱怨,她讨厌丈夫的行事方式,就像与她做爱是他的权利一样。新的移情和反移情层面现在正在展开,它们之前被上面所描述的投射性认同(移情阻抗)防御住了。

容纳过程的上演

有时候,治疗师会发现他的解释被病人看成危险和不能消化的。在这一小节,将会呈现一些材料,这些材料反映的是与边缘型和精神分裂症病人工作的时候常见的临床情境。这些病人无法利用言语解释,因为他们害怕被治疗师取代。在这样的情况下,治疗师必须找到其他与病人交谈的方式,直到病人在治疗中的体验已经使得这些恐惧变得可以控制。

一位22岁的慢性精神分裂症病人G先生，进行了三年每周四次的心理治疗，然后他进入了一种急性心理平衡失调阶段。三年前当治疗开始的时候，这位病人处在一种妄想、扭曲、间歇性沉默及木僵状态中，并因此住院7个月，这一精神崩溃标志着三年来从这种状态中相当持久的进步停止了。在心理治疗的过程中，G先生逐渐成功地适应了中途之家和大专课程学习，这代表了他这一生最高等级的功能水平。

治疗的主题是，G先生坚决主张，他对心理治疗或者任何类型的成长或改变都没有兴趣，并且他有很多秘密，但是他一个也不会透露给治疗师。治疗互动所采取的典型形式是，病人在治疗中大部分时间里都沉默，偶尔主动提供模糊、碎片化的信息，需要治疗师接着问问题。G先生对澄清或者解释的请求的反应是同样闪烁其词的评论，从而引出治疗师更多的问题。这些不完整的想法和部分回答了的问题所起的作用是，与治疗师之间建立一种联系，同时向病人确认他仍然保有他的秘密。这些秘密可以为病人提供保证，证明治疗师并不完全了解他，因此他仍然是一个独立于治疗师的存在。

G先生感觉他在心理和社会功能上的进步，是一个令人不安的证明，表明他真的在逐渐变成治疗师。在治疗第四年一开始的心理平衡失调中，这位病人每天大部分时间都躺在床上一动不动，并且他所称呼自己的名字，是治疗师街道地址和姓氏的一个凝缩。精神病症候（偏执妄想、幻觉、思维破碎、自体感丧失）在两个月期间稳步减少。然而，在急性退行解决之后，G先生并没有重新回到他之前的言语和社会功能水平，并且只要允许他就一直躺在床上。他的个人卫生恶化到了这样一种程度，以至于他闻起来就像是一个遗弃物一样。他的脸和手因沾满了灰而黑黑的,他的衣服上满是食物留下的污渍。在治疗中,开始频繁地在预约好的时间不来做咨询,有时候长达三到四周都不来一次。在心理平衡失调开始八周之后,他的"退行"行为已经变成了一种固执的反抗,并且在相当大的程度上是在他意识控制之下的。治疗师向病人解释说,他觉得 G 先生害怕继续的进步让他变得越来越像治疗师,最终变成治疗师,因此他自己不再是一个独立的人。在接下来的四个月时间里,G 先生的出席变得更加飘忽不定,几乎导致治疗结束。尽管没有病人,治疗似乎还存在着。

在与这位病人的工作中,治疗师体验到了很多感受,比如沮丧感、挫败感,以及贬低感,以至于他经常期待着这个治疗的彻底终止。与这些感受同时体验到的还有一个幻想,那就是要从 G 先生那里赢得因为治疗结束而带来的解放,必须要付出治疗师声誉和职业自尊感上的巨大代价,现在他感觉这两者都源自成功地治疗"像这位一样的病人"。

在这个时期,治疗师越来越多地认识到,他被这位病人难以置信地困住了。他意识到,他被引诱着不但对维持治疗(与病人的联结)承担了太大的责任,而且把治疗当作自尊的来源。同时,由于 G 先生无情地攻击治疗的行为,治疗师体验到一种想要关系完全断裂的强烈愿望(Altshul, 1980)。用解释对这一僵局施加影响已经被证明是不可能的了。事实上,解释似乎会火上浇油,因为正是试图去理解意义的行为被病人看成治疗师的本质,因此要全力以赴地挡开。

在对此反思了一段时间之后,治疗师决定停止进一步的解释,并试着找到一种为病人提供某些东西的方式,这些东西将会带上病人自己的印记,而不是治疗师的。治疗师对G先生说,G先生不应该是唯一一个知道事情永远不会改变,并从中获得快乐和安全感的人,因为这不公平。治疗师表明,他现在也准备好不仅接受而且享受在与病人在一起的时间里(他希望是下半辈子)任何东西都不会改变这一认识。不会有惊讶,不会有发掘出的秘密,并且不会有揭露出的真相。那次治疗余下来的时间是在沉默中度过的。

G先生在之后的一次治疗的时候来早了,这是两个多月以来他第一次连续参加治疗。在大约20分钟的沉默之后,他问道:"今天你又会玩什么更固执的游戏吗?"治疗师没有出声,但是他注意到病人感知到了当前互动中的游戏元素。他回答病人的问题说,这个问题的答案是一个秘密。病人笑了。在问了另外一个问题之后,治疗师说:"要是我需要保守我所有的秘密,并且觉得我每回答一个问题,我就把我自己的某个东西给了你因此失去了我自己的一部分,怎么办? 要是我觉得如果我继续泄露秘密,我最终将会一点不剩并且消失,怎么办?"病人对此报以大笑。

在接下来的几个月里,这种形式的游戏继续着,治疗师仍然坚持让一切保持原样。G先生指出这种故作神秘中的敌意,以及治疗师似乎从将病人排除在他的秘密之外中获得了快感。G先生后来评论说,治疗师的固执有一种效果,那就是"把我的胃口吊到一定的程度然后在我面前把门关上"。三周之后,病人带来了一张重新上大学的申请表,要求治疗师签字,因为他一直在请病假。治疗师说:"你知道的,我讨厌任何变化,但是如果你坚持去上学,我也许会在这张表上签字。"

这个阶段的治疗代表着治疗师幽默地演绎了对病人身上矛盾元素的容纳,这些元素在治疗师身上作为投射性认同的一部分被诱发出来。治疗师被要求/强迫容纳对融合的恐惧和对亲密的渴望,对彻底分离的恐惧和对分离的渴望。治疗师幽默地镜映了病人对独立的需求以及与之矛盾的对亲密的需求。

治疗师所补充的是这些矛盾元素的一个整合版:治疗师活现了他自己和病人的一个意象,永远保密但是永远不接受这一保密性,因此永远不用强加分离作为一种补救方法。之前,与治疗师的认同被体验为是对病人的独立存在的威胁。治疗师不焦虑的镜映给病人提供了一种形式的认同,这种认同是得到良好调节甚至是令人愉快的,并且不会威胁到治疗师的自体感。治疗师对病人的投射性认同幽默的容纳,给病人提供了病人认为是他自己的东西的一个修正,因此不必因为担心被治疗师取代而去挡开。

通常,使用语言来解释病人和治疗师之间正在发生的事情,是与病人沟通的最经济、直接和精准的方式。当解释被病人当成对他的自体感完整性危险和不可消化的威胁的时候,为了促进病人投射的再整合,治疗师必须找到与病人沟通的其他方式。

与深度退行的病人工作

在深度退行时期,精神分裂症患者甚至不能维持幻想活动的最初级形式,因此不能进行持续性的投射性认同,因为后者必然涉及无意识的投射性幻想。当这些病人最初有明显的投射性认同时,这些投射性认同是一种非常原始的类型,是基于感知层面的前体,这些前体之后会变成在视觉和言语上象征化的幻想活动。

作为投射性认同最早期形式基础的排空"幻想"不过是在本体感受、内脏、肌肉上,以及一定程度的视觉上的前语言表征,这些表征着将内在内容排出到一个容器中,这个容器被依稀感觉成人类,并模糊地被认为是非自体。(例如,一位精神分裂症患者通过在每一次治疗中语无伦次地讲话,同时将她脚底上角质化的皮肤扯下来,让碎屑在下面的地毯上堆积,从而将无生命的心理内容倾倒给治疗师这一初级幻想行动化出来。)慢慢地,随着病人象征化的模式变得主要是视觉和言语的,作为投射性认同基础的幻想被重新加工成越来越具体和分化的形式。在治疗过程中,无意识幻想的这种重新加工,使得在投射性认同过程中被病人无意识排出并在治疗师身上激起的自体部分,在清晰度和明确性上都有所增加。

在与慢性精神分裂症患者工作的早期阶段,逐渐在治疗师的脑海中形成言语解释,但是不会说给病人听。这些早期的陈述,或者沉默解释,代表着内部对话的一部分,在这个对话中,治疗师试着为他自己搞清楚是什么倒在了他身上。治疗师向病人传达对他内心堆积起来的印象的理解,通过他声音的节奏和语调与通过他所说的内容,几乎一样多;通过他的面部表情和肌肉张力与通过治疗师选择聚焦的互动方面,几乎一样多;通过他看正在怪异地做着鬼脸的病人的方式与通过他对病人说的关于它的话,几乎一样多。

病人深度退行的无组织想法和感受（或者它们的前体）通常被病人体验为无意义的刺激。当病人能够进行原始的投射性认同时，他试图把无意义的心理内容倾倒在治疗师身上，部分是为了得到帮助，来组织他混乱的内部世界。治疗师给予对病人来说无意义的东西以意义这一功能，类似于当母亲回应婴儿的"需求"的时候所行使的功能，虽然他对于他的需求是什么没有任何概念。她敏感的照顾给了之前只是一连串刺激的东西以意义和界定。婴儿弥漫性的、未定位的痛苦（甚至还没有被体验为一种情绪），随着它与吸吮、吞咽、品尝、腹部饱胀感、被以一种特定的方式抱着等联系起来，逐渐变成了饥饿感。正如母亲通过她对婴儿的照顾向婴儿传达他的体验的意义，病得很严重的精神分裂症患者的治疗师，也将作为离散的想法和感受的混乱前体存在于病人脑海的东西，变成有意义和可以应对的。只有当病人能够使用言语象征——不同于形成投射性认同的象征等式，对潜在的幻想内容的语言解释才变得可行并且是有用的。[1]

1　在西格尔（Segal，1957）关于象征形成的经典文献中，她将象征等式定义为一种象征形成的模式，在这种模式中象征和被象征的东西被当成是一样的。例如，一个不能在观众面前演奏小提琴的精神分裂症患者解释说，在公众面前自慰是无法想象的。演奏小提琴的象征含义（自慰）被当成与自慰行为本身是一样的。与之相反，成熟的象征形成涉及一个能够将象征看成一种创作的自我，这一创作代表着被象征的东西但是不与之等同。

移情、反移情与投射性认同

毫无疑问,关于移情和反移情与投射性认同关系的问题在这一章已经出现了。例如,移情和投射性认同之间的区别是什么? 难道移情解释不是和投射性认同解释一样,恰好聚焦在内部和外部现实毗邻的同一个地方吗? 投射性认同解释和移情解释的这一类似性实际上确实存在,因为投射性认同代表着移情的一个方面:治疗师参与到病人内部客体世界一部分的人际实现(病人和治疗师之间真实的上演)之中。[1]

某些形式的移情几乎不涉及人际实现,也就是说,它们不要求治疗师这一方同样程度的情感参与(Searles, 1963)。例如,在功能相对较好的神经症病人的治疗中,让治疗师参与移情的人际实现的压力极少,相应地,几乎没有自体和客体之间分化不完全,或者想要从内部控制和影响治疗师的无意识愿望的迹象。在这些情况下,治疗师与病人的关系是共情的。用谢弗(Schafer, 1959)的定义,共情包含"共享"并且在认知和情感上理解另外一个人的心理状态,这个人被认识和体验为处在他人生特定关头的整体而独立的人。在投射性认同典型的治疗互动中,共情这一术语恰当地描述了治疗师积极心理容纳工作的成果。

这将我们导向一个相关问题:投射性认同是移情的一个层面,它只会在与精神障碍患者工作的时候遇到吗? 在思考这个问题的时候,重要

---

1 位于无意识幻想和人际关系领域之外的移情元素(因此超出了投射性认同的范围)将会在第八章讨论。

的是要记住,在心理发展的过程中,更早期阶段典型的运作模式会在发展更晚期阶段继续存在(Freud,1905)。这些更早期的模式继续作为更加先进的运作模式的层级存在着。在一些情况下,比如治疗退行中,更早期的组成部分也许会在一段时间内占据主导地位(例如,在一个特定的移情再上演中)。

弗洛伊德(1905)论证了婴儿性欲的口欲、肛欲和性蕾期阶段不仅充当成熟生殖器性欲的前体,而且以一种相对不变的形式(例如,在前戏中)在成熟性欲中继续存在。类似地,在客体关系的发展中,原始的非言语的关系模式作为言语人际沟通模式的机体统觉性背景继续存在着。[1] 换句话说,与言语符号沟通的特异性并存,定义不那么明确并且通常相互矛盾的一连串无意识想法和感受是通过其他方式传达的,比如一个人的眼神、紧皱的眉头、声音的音色,等等。没有这些早期沟通模式提供的细微差别和模糊性,成熟的关系将会是刻板而机械的。

投射性认同是母亲和婴儿之间最早的联结形式之一,其中一开始母亲充当婴儿感知的元素的容器,并且以一种赋予他的感知状态意义的方式回应婴儿。随后,婴儿通过内射母亲的无意识投射来内化她人格结构的一部分,也就是说,通过使用她作为投射性认同接受者的功能。

在发展的过程中,随着投射性认同被言语象征性的沟通以及基于自体和客体表征良好分化的关系模式取代,它后退到背景之中。然而,即

---

1 斯皮茨(Spitz,1945,1965)用机体统觉性这个术语来指代基于自主神经系统的内脏感知和表达模式。在后来的发展中,婴儿形成了发音模式,这些模式是在大脑皮层中组织的,并且反映在更高级认知过程和有意识思维典型的特异性和明确性中。

使在成熟的客体关系形式之中,投射性认同也会继续作为一种无意识的基础,默默地为占主导地位的成熟功能模式做补充。一种无意识的要求和期待总是存在着,那就是另外一个人可以准确地知道自己当下的感受。我们永远也无法安心地接受这一现实,那就是我们孤独地和我们的想法和感受在一起,对我们的内在状态其他人只能知道个大概。

投射性认同代表着所有成年客体关系的一个组成部分,包括整合良好的被分析者与他的分析师建立关系的方式,以及他的分析师与他建立关系的方式。那些将投射性认同看成"主要是精神病性心理机制"(Meissner,1980)的人,将原始的东西和精神病性的东西混淆了。自我边界的弥散以及将客体看成自体的延伸都是精神病性状态的特征,但是它们也在构成健康人格关系模式的层级中占有一席之地。在治疗中,对更加原始的关系模式的限制接触,包括投射性认同形式的移情,它是人格功能良好的标志。

如果投射性认同被认为是移情的一个方面,那么这种类型的移情与反移情的关系是什么呢?很多精神分析师(Greenson,1967;Reich,1951,1960,1966)将反移情的概念限定在那些源自治疗师自身需求和冲突的反应。的确,在对病人的反应中,治疗师应该努力区分对那些反映他自身愿望、恐惧和冲突的反应,与那些反映对现实感知到的当前互动的成熟反应的反应。虽然这种类型的划分构成了反移情分析的一个必要部分,但是对我来说,它似乎不是组织和理解治疗师对病人的反应最有用的方式。治疗师的所有感觉都将会是多因素决定的,由成熟、基于现实的反应与非理性的移情组合而成。治疗师所体验到的与病人相关的感受"发生在他身上,就像所有的感受一样,没有打上表明它们来自何处的标签"(Searles, 1959, p. 300)。因此,我觉得将治疗师对病人和治疗情境的所有反应都包含进反移情的概念,是有用的。

在治疗师对病人的整体反应之中,有两个组成部分处在治疗关注的核心,因为它们对治疗师获知病人的无意识内部世界的方式具有直接的影响。这些是:(1)治疗师与病人在内部客体关系中对自体的无意识体验相认同,这一内部客体关系正在移情中上演("一致性反移情",Racker,1957);(2)治疗师与作为移情基础的病人内部客体关系中的客体部分相认同("互补性反移情",Racker,1957)。

这两种类型的认同是那个人投射性认同的投射部分被接受者"吸收"的方式。因此,正如投射性认同可以被理解为移情的一种一样,接受者对投射性认同的反应也构成了反移情的一种。这种与移情和反移情建立联结的潜能,是投射性认同概念在精神分析理论中具有特殊地位的原因。

反移情分析是治疗师努力理解和在治疗上利用他对病人的反应的方式。这并不是要努力"处理""过滤掉"或者"克服"治疗师识别为他自己人格的反映的东西;确切地说,治疗师利用其自我理解来判断他的感受和想法是如何被他在治疗中这个时间点上与病人的当前体验所塑造和影响的,尤其是被病人对治疗师占主导地位的移情的特殊性质。

刚才所说的东西不应该被误认为是一个提议——治疗师的所有感受应该被看成与病人体验的一个方面一一对应。很明显不是这样的。然而,治疗师正体验到的,即使它是一连串感受,并且被认为具有被治疗师内化的过去经历所决定的意义,它同时也是对与病人在一起的那一个小时里发生的某些事情的反应。我们逐渐理解的关于我们病人的一些东西也适用于治疗师：人们不会向真空投射——总是存在着一个现实的核心，幻想就投射在它上面。治疗师希望通过分析他的反移情去接近的，正是病人的这一内部心理现实的核心，即使在那些感受被认为主要是他自己对病人的移情的时候，也是如此。

总　结

从投射性认同的角度，治疗过程被理解为涉及病人将他自己的一部分既托付也强加给治疗师，这个部分他无法整合，也无法为了心理成长而加以利用。治疗师的角色就是使得一开始是病人的，现在由于"寄希望于"（Bion, 1967）治疗师身上而稍微修正的东西可以为病人再内化。

当治疗师怀疑他对他自己和病人形成了一种极为固执，但是非常局限的观点，并且这一观点在很重要的意义上是被病人共享的，这时候他很可能充当了病人投射性认同的客体。在与表现出整体客体关系形式移情病人的治疗工作中，通常言语解释会促进病人再内化通过投射性认同外化的他自己的一部分稍微修正过的版本。

这种类型的解释工作包括考查下面的投射性认同的一个或多个方面：（1）病人所引入的特定的现实扭曲，这一扭曲充当客体被病人的无意识投射性幻想"指示"他的角色的人际手段；（2）无意识幻想的本质；（3）

投射幻想人际上演的动机,包括防御、表达、寻求客体,以及追求成长;
(4)投射性认同发展的起源学背景;(5)投射性认同在维持病人当前的内
部心理平衡和客体关系体系中的作用。

　　表现出几乎全部是前语言、部分客体关系形式移情的病人,通常将
言语解释体验为与他们对自己的体验如此地不相关,以至于那种类型的
干预只有以感到他们已经在治疗师的话语和想法中失去他们自己为代
价才可以被内化。在这样的情况下,治疗师必须依靠非解释性的干预和
管理治疗的方式,来传达他默默表述的对病人无意识地要求他既容纳又
以他可以利用的方式归还的东西的理解。

第四章　精神分析方法比较

　　直到最近，极少有克莱因团体之外的治疗师或精神分析师在他们的临床思考中，使用投射性认同这一术语或者概念。然而，因为这个概念所处理的现象（无意识中投射性幻想与在接受者身上激起的一致感受之间的相互作用）是所有心理治疗工作的一个方面，所以随着时间的推移，每一个精神分析思想学派都形成了处理这一治疗互动面向的方法。这一章将会讨论这本书中（尤其是第二章和第三章）提出的技术途径与各个学派分析师所倡导的技术原则之间的关系，这些学派包括经典精神分析、克莱因派、英国中间学派，以及现代精神分析学派。

克莱因派

　　因为克莱因是第一个描述投射性认同的人，所以人们通常假定——虽然是错误的——它与克莱因派理论密切相关（例如，Meissner, 1980）。投射性认同与任何特定的克莱因派元心理学或临床理论观点（例如，克莱因派关于死本能首要性的观点,婴儿从生命最初的几天甚至几周开始就有进行幻想活动的能力的假定,以及俄狄浦斯情结和超我发展始于生命的第一年的观点)都没有内在联系。

类似地,通常有一个错误的假设,那就是在投射性认同概念的临床应用与克莱因派技术之间,有着必然的联系。在克莱因派技术中(Klein,1948,1961;Segal,1964,1967),几乎所有的干预都采取了对引发这次治疗中主要焦虑的无意识幻想加以解释的形式。这些解释并不是从处理(更加)有意识和前意识材料开始的,而是从直接解释无意识幻想开始的。这样做的原理在于,正是这些无意识幻想产生了这次治疗中的核心焦虑,如果不与病人谈论是什么令其不安,那么治疗师将会是不负责任的(Klein,1948)。此外,这些对无意识幻想的解释(本能驱力的心理表现和对这些驱力衍生物的防御)几乎总是移情解释,并且从治疗的一开始就提供出来:"在我自身的经验中,没有哪一次我不是从一开始就做出解释的"(Segal,1967,p.174)。

克莱因派模式处理投射性认同的显著标志是,对克莱因派来说,治疗师传达他对投射到他身上的东西的解释,几乎仅仅是以言语表达的移情解释的形式做出的。这样做的问题之一就是,病人依赖投射性认同作为主要的沟通、防御和客体关系模式,通常意味着他当前既无法在心理内部(作为内部对话的一部分)也无法在人际关系中使用言语象征。结果就是,他既不能理解也无法利用以言语形式提供的解释。

当治疗师完全依赖言语解释去处理前语言现象的时候,经常会出现如下后果之一:(1)相对健康的病人也许会努力去适应,通过将他在移情中的前语言体验转化为体验被言语象征化的发展阶段（例如，发展的俄狄浦斯水平）的措辞；(2)病情较重者会常感到，接受治疗师的解释等同于成为治疗师，因此丧失他作为一个独立之人的自体感。结果，这些病情较重者经常将他们自己防御性地与治疗师疏远，从而感到孤独和无连接感。

英国中间学派

与克莱因派相反，某些英国中间学派的成员，如巴林特（Balint）、冈特瑞普（Guntrip）、马苏德汗（Khan）和温尼科特，在他们与病得非常重的病人的大部分工作中，会采取一种很大程度上非解释性的技术。即使英国中间学派的这一小组也是相当异质性的，而且没有与他们的客体关系发展理论一道，形成一套达成一致的原则。然而，温尼科特（Winnicott，1954，1963）详细地写到了对前俄狄浦斯期障碍治疗过程中出现的退行的管理，我将会基于他的工作来比较精神分析中处理投射性认同的不同模式。温尼科特体会到，源自母亲重复性侵犯的累积性创伤让婴儿或者儿童有必要形成由"真自体"与"假自体"组成的防御性的自体分裂感（Winnicott，1960b）。虚假自体人格组织代表着自体中防御、自我保护、顺从性适应的总和，这些是在对母亲侵入婴儿自发性活动时做出反应的过程中形成的。这些侵入或者"侵犯"干扰了儿童个人的"持续存在"感（Winnicott，1963），也就是他在时间中的恒久感和持续感。真自体(那些反映儿童独特的品质和个性发展的方面)被挡开,并且独立于防御性假自体的运作,后者通常对在学术和专业背景中获得高水平的适应有帮助(Ogden,1976),但是这些成就被感觉是空洞的胜利,让这个人感到孤独,没有目标,并且没有成就感(Fairbairn,1940;Guntrip,1969)。对发展最早期的分析涉及"一个寻找自体的退行"(Winnicott,1954)。

　　在成功管理退行的过程中,通过将真实自体的"养育者"或"防护盾"的角色转移到分析师身上,病人能够放弃对虚假自体防御模式(例如,无止境地顺从)的依赖。在最大限度的情感依赖背景之下,心理发展也许会沿着与防御性虚假自体人格组织发展不同的路线前进。在这个工作阶段,分析师必须提供病人童年缺失的促进性环境。温尼科特(Winnicott,1954)写道:"在极端情况下,治疗师需要到病人那里积极地提供好的照料。"此外,他指出:

　　我发现病人需要在移情中退行到依赖的阶段,这些受到需求适应性全面影响的给予体验,事实上是基于分析师(母亲)与病人(她的孩子)认同的能力。在这种类型体验的过程中,有足够数量的与分析师的融合,让病人能够在不需要投射性和内射性认同机制的情况下生活并建立关系。

(Winnicott,reported by Khan,1975,p. 27)

　　我将上面描述的对退行的管理看成基于分析师做出的一个选择——充分参与到病人最基本的无意识幻想中去,这一幻想已经成了治疗关系中一个强大的投射性认同的基础。病人在分析师身上找到盼望已久的足够好的母亲，以及在他自己身上找到受到照顾的婴儿的无意识幻想，通过投射性认同在人际活现了，在这一投射性认同中，内化的够格的母亲在幻想中由分析师体现并安全保存下来，同时病人将自己体验为被爱和得到良好照顾的婴儿。

退行病人经常变得对这个足够好的母亲"上瘾"并且故意破坏他自己其他方面获得成熟的独立状态的尝试，巴林特（Balint，1968）正确地指出了病人这样做的方式。此外，当治疗师在尝试提供足够好的照顾时犯错误，病人难免会感到强烈的愤怒和失望。虽然移情的这一非理性层面可以得到分析，但是病人有理由觉得，他被在当前的成年治疗关系中可以为作为婴儿的自己找到足够好的照顾这一幻觉弄得干着急。作为这一投射性认同接受者参与其中的分析师也许会形成对应的对病人的愤怒感，因为病人不感激他在治疗中所付出的特殊努力。

尽管对温尼科特管理治疗退行的方法持保留意见，但是他关于早期母婴二元体发展的理论，一直是我自己理解投射性认同临床处理的基本框架。这本书中提出的对临床现象的很多理解和反应的原理，都基于温尼科特的概念，比如抱持性环境（1945，1948，1960a）、侵犯（1952）、镜映（1967，1971）、独处的能力（1958）、反移情中的恨（1947）和客观反移情（1947）。从这些概念而来的观点有：（1）心理治疗实施中的反移情分析的中心地位，以及使用反移情作为理解移情的媒介；（2）提供一个治疗设置的重要性，在这一设置中，病人感到自由，可以自发地探索他的人际环境，但是又安全，因为他知道他可以撤退到一个内在的避难所（一个私人的内在性)中去;(3)最早期阶段涉及的心理成长,一个两人过程,其中一个人(母亲－治疗师)的独立存在几乎没有,甚至一点没有被另外一个人(婴儿－病人)认识——更别说被赏识。

经典精神分析

虽然没有直接处理投射性认同这一概念所包含的一整套现象,经典精神分析对我们思考一个人的无意识心理状态的人际影响做出的重要贡献包括安娜·弗洛伊德(Anna Freud,1936)与攻击者认同的概念、瓦伦·布罗杰(Warren Brodey,1965)关于"外化"的概念、马丁·旺(Martin Wangh,1962)的"代理的唤起"、桑德勒(Sandler,1976a,1976b)的"角色实现"。[1]然而,总体上来说,经典精神分析师在处理投射性认同概念上一直进展缓慢,部分是因为它很难在将移情和反移情区隔开的理论背景之内概念化。

在经典精神分析中,移情是按照基于之前客体关系体验对当前客体表征的扭曲加以定义的;一个人对当前客体的感受是根据源于之前关系的感受而改变的(Freud,1912a,1914a,1915d)。因此,移情是作为一个

---

1 攻击性认同的英文原文是 identification with aggressor,外化的英文原文是 ex - ternalization,代理的唤起的英文原文是 evocation of a proxy ,角色实现的英文原文是 role actualization。——译者注

内心事件概念化的,可以不用参考那一事件影响另外一个人的人格系统或者被其影响而加以定义。

类似地,反移情常常被看成分析师所产生的内心事件,是与移情的互相对应的部分,也就是说,基于出现于早年关系中的感觉在病人身上的置换和投射,分析师对病人看法和感受的扭曲:"反移情是分析师对病人的一种移情反应"(Grenson,1967,p. 348)。

弗洛伊德,为了谨防分析师对精神分析情境,以及因此对精神分析运动的个人贡献的内在危险,对反移情采取了谨慎的态度:

> 我们已经逐渐觉察到"反移情",它作为病人对他的无意识感受的影响的结果出现在(分析师)身上,并且我们几乎倾向于坚决认为,他应该识别出他自己身上的反移情并且将其克服。
>
> (1910,p. 144)

安妮·赖希(Annie Reich,1951,1960,1966),在经典精神分析反移情概念发展最完善的贡献中,基于弗洛伊德的评论,将反移情概念化为对"分析师自身无意识需求和冲突对他的理解或者技术"的干扰性影响(1951,p. 26)。虽然她感觉反移情感受是不可避免的,但是赖希将这些看成干扰分析师共情、试验性认同和均匀悬浮注意力能力的来源。

在经典精神分析理论中,反移情的概念已经变得与移情的概念在动力学上失去联系,几乎没有认识到反移情中对移情的互补成分,是"病人创造"(Heimann,1950)的那部分反移情。没有对反移情这个方面的理解,就没有术语可以用来概念化一个过程,在这个过程中,治疗师被迫参

与和体验病人内在客体世界的一部分。我们经常会在科学会议和经典
文献中遇到那个心照不宣的假定,那就是完全不用参考分析师与病人在
一起是什么感觉或者分析师从反移情中学到了什么,也可以彻底分析正
在讨论的临床材料。[1]

　　当然,在经典精神分析学派之内,关于反移情也有很多不同的观点。
虽然赖希和格林森(Greenson)的观点是具有代表性的,也是对经典文献
有重要贡献的,但其他专家认为反移情(包括分析师对病人的反应的移
情层面)是对分析过程具有潜在建设性影响的(例如,参阅 Loewald,
1971,尤其是 Boyer & Giovacchini,1967,以获得他们在对精神分裂症患
者的经典精神分析治疗中对反移情问题的敏感关注)。马克斯韦尔·吉
特尔森(Maxwell Gitelson,1952)的评论捕捉到了关于反移情经典观点中
一个更具包容性的趋势,其中他认可反移情分析对两人分析过程的影响
有日渐丰富的可能。

　　　分析师必须处理他自身的(反移情),并且和病人一起,当它们侵入
分析情境的时候他必须处理这些……到分析师自己对它们的分析和整
合开放的程度,他在真正意义上是与病人的分析中一个至关重要的参与

1　在阅读经典案例报告的时候,我经常看到温尼科特的挑衅性言论:"没有所谓的婴儿
　这一回事"(1960a,p.39)。他说这句话的意思是,婴儿不能离开一个照顾者而独立
　存在,因此,婴儿的体验和发展是二人单元中必不可少的一部分。同样地,我逐渐将
　移情看成二人移情-反移情系统中的一个方面。在那个系统中,任何一个元素,如果
　与另外一个元素孤立起来理解的话,都没有意义。

者。正是这一点构成了分析师与病人的真实接触，并且让病人感觉他不
是独自一人。

（1952，p. 10）

尽管吉特尔森（Gitelson）、罗伊沃尔德（Loewald）、博耶（Boyer）、焦瓦
基尼，以及其他人觉察到了反移情的互动背景，但是经典精神分析师几
乎没有努力去形成一套一致的概念，这套概念也许会促进分析师思考移
情和反移情之间动力学关系的细节。最近，韦斯和桑普森（Weiss，1971；
Weiss et al.，1980）提出了一个"控制掌控"理论（经典自我心理学的自然
发展）代表着对这一任务的一个重大贡献。病人被这些分析师看成在与
治疗师的互动中无意识地创造出"测试"情境，向治疗师呈现同样的起源
学上决定的心理创伤，而病人无意识地想要在治疗中去掌控这一创伤。
病人以这种方式"变被动为主动"，也就是说，病人从原始创伤性互动被
动参与者的位置转换到了积极的位置。

在一次"测试"中，病人创造出一个人际情境，其中他可以无意识地
评估向着一个特定的无意识愿望或者目标的实现前进所带来的危险。
更确切地说，这一评估涉及病人无意识的估计：如果他减少对在早期创
伤中形成的防御的依赖，他是否会被治疗师（正如他的父母在他早期发
展中一样）再创伤。韦斯（Weiss）和桑普森（Sampson）强调了病人创造出
测试情境时追求成长（解决问题）的动机（相对于驱力释放的愿望）。

通过测试，病人无意识地观察分析师管理这些由基因决定的冲突的
能力，并且有选择性地内化分析师处理测试情境的方法中所展示出来的
特定掌控模式。病人以这种方式利用测试情境来"驳斥致病信念"，这些

信念源于他应对早年创伤所做出的尝试,但是这些信念目前正在干扰他追求之前压抑的发展潜力(Bush,1981)。将这种类型的互动观点引入经典精神分析技术,代表着一个重要的进步,因为它开始创造出一个视角,从这个视角来看,反移情可以变成理解移情的材料。这一视角中隐含的一个观点是,很多无意识测试的性质,部分是基于他所发现的他自己与病人在一起的时候体验到的情绪张力的性质。病人经常利用他精确评估现实的无意识能力来设计考验,以分析师心理上的弱点作为焦点,而这可以给分析师造成相当大的情绪压力。

控制-掌控视角与投射性认同理论之间主要的不同在于,前者相对缺乏对病人"正在对"分析师做什么的无意识投射性幻想的强调。此外,因为这些分析师的观点是在与相对健康的病人工作的背景之下形成的,所以自体-客体边界无意识的模糊,并不是他们所描述的互动形式的基本特征。

现代精神分析学派

最后,我将会简短地聚焦于一个被称为"参与阻抗之中"的专门技术,纳尔逊等人(Nelson et al.,1968)和斯波尼茨(Spotnitz,1976)将其描述为自恋障碍分析的一个方面。虽然现代精神分析学派并不按照投射性认同来概念化他们所处理的临床问题,但是我感觉他们的工作涉及一种处理投射性认同的非解释性模式。

参与阻抗技术是基于"治疗师与病人的非理性和防御性信念一致的表述方式，不管这些信念是否公开地这样表达"(Sherman, 1968, p. 102, 楷体部分是他自己所加)。这些精神分析师相信，自恋固着的病人(包括边缘型人格障碍和精神分裂症患者)不能够接受和整合任何感觉不是他自己延伸的东西。分析师的解释被体验为来自非自体的威胁性和侵入性元素，因此必须被排除掉。与其使用言语解释，这些分析师宁可承担起与病人的无意识防御姿态相符合的各种角色。

以这种方式，病人要在治疗中面对他自己内在世界的外在反映。随着治疗师成为病人防御性方面的具体表现，一个互动就形成了，在这个互动中病人必须与体现在分析师身上的他自己的这个方面作斗争。斯波尼茨(Spotnitz, 1976)讨论了分析师将反移情用来为他自己描绘投射到他身上的东西的本质。

在参与阻抗的互动过程中，这些作者坚信，病人能够以一种方式观察他自己，并接受他自己对于被治疗师所代表的那个部分的理解(解释)，如果解释来自分析师(非自体)这样一种方式将不会可能。这不同于心理剧和角色扮演疗法，因为治疗师在参与阻抗的时候所承担的角色不是由病人所面临的外在生活情境中的问题所决定的，而是由病人的无意识阻抗的本质决定的。

来自赫伯特·斯特林(Herbert Strean, 1968)的工作中的一个简短例子也许可以用来说明这个阻抗参与技术。斯特林提供了治疗一位有性格问题的女士的临床片段，她害怕自己在性方面受到男人的剥削，她感觉他们全部都"像动物一样"并且强势。这被理解为病人自身强烈的、无意识的前俄狄浦斯期需求的一个投射。她感觉分析师如此的自私、苛刻,以及具有剥削性,以至于这位病人(南希)很想要中断这次治疗,也是她的第四次治疗。

[分析师]告诉病人……她总是乐于听到他失败的地方。她是否可以告诉他他有什么问题?"我身上肯定有什么问题是你要离开的原因!"南希得意扬扬地回应:"是的……你是一个要求很多的被惯坏的小鬼,只对钱和性满足感兴趣……"她的分析师没有解释南希的投射,反而说:"也许你是对的。你认为我是怎么变成今天这个样子的?"

"你变成这个样子是因为你是一个焦虑不安的孩子……你期待你的父母一直喂你……"

分析师赞扬了南希杰出的诊断思维,并问她应该给他设计一个什么样的治疗计划。"你又来了,总是要这要那……应该拿走你的东西,让你遭受挫折,给你很少的东西……"

南希继续她的治疗。她给治疗师大量的沉默,然后解释说:"我知道你很痛苦,你想要我喂你,但这样是为你好。"当治疗师认为他将会扮演一个痛苦、匮乏的孩子的时候,南希会打断他然后说:"到此为止! 管住你的冲动。我觉得你够资格说话的时候,我会让你说话的。"

南希正在扮演的是一位令人挫败的家长角色,她正在给需求无度的孩子施加必要的控制。因为治疗师为南希扮演了孩子的角色,她实际上正在治疗她自身性格障碍中幼稚的部分。

(pp. 184-185)

从这个案例中可以清楚看到,分析师的角色扮演是用来引导治疗互动。这不同于经典精神分析,后者试图让移情按照它自己的节奏和方式展开,干预尽可能地少。现代精神分析师,基于对病人需要的互动类型的评估,将会"激起一个有意义的情绪互动"——这一互动是一种特定的类型——"来聚焦于随之发生的对各种角色以及源于这个过程的意义的评估"(Sherman,1968,p. 104)。

我感觉这一学派的分析师,虽然用一套不同的术语,并且不处理病人关于排出和控制的无意识幻想,但是描述了将病人无意识防御的一个部分的修正版本返回给病人的一种方式,这个部分通过投射性认同被外化了。

在评估设计加工投射性认同的角色扮演技术的时候,一个人必须记住,治疗师会为操纵治疗互动而付出代价,因为整个治疗互动也许会失去真实、真诚和诚实的感觉。我的经验是,如果尝试上演一个容纳过程(第三章),病人必须清楚他被治疗师邀请参与一种游戏。如果是这种情况,就像现代精神分析学派所呈现的工作中通常看起来的那样,那么治疗的框架、治疗师的真诚,以及病人的尊严都会得到维护。

第五章　母亲过度的投射性认同对发展的影响

认同的概念历来被用来概念化客体关系与个人心理组织之间的相互影响。这使得治疗师和分析师投入到一项任务中去，这一任务就是在他们就一个人的心理属性如何"被吸收"或"成为"另外一个人的一部分的观点上达成一致（Fairbairn, 1952; Fraiberg et al., 1975; Freud, 1905, 1915b; Guntrip, 1961; Hartmann, 1939; Kernberg, 1966, 1976; Knight, 1940; Loewald, 1962; Schafer, 1968）。

沿袭这个传统，本章考查了一组特定病人所展示的一种认同形式。我们将探讨这种内化的形式，以进一步完善认同的概念，并促进我们思考来自母亲的压力和婴儿的心理过程之间的相互影响。[1]

临床重点将集中在这样一组病人中的一位，这组病人表现出与母亲某种形式的认同，尤其是与母亲冲突方面的认同。这些病人似乎将母亲的病理，特别是母亲受病理影响下的对病人的看法，作为一种认同的模式，这反映在他们的自体表征、他们的客体关系，以及他们自我组织的许多特征上。这些病人的早期病史主要由母亲深深陷入自身的问题中这

1　术语模仿、内射和认同，将会按照萨夫（Schafer, 1968）所概述的内化的类型来使用。

一画面所占据——她没能保护婴儿不受这些问题的影响。[1]在所研究的这一组病人中,占据母亲心思的事情包括:一位母亲希望孩子成为她自己的一个方面的化身,这一方面既受到强烈的憎恨,也被高度理想化;另一位母亲充满了对婴儿的需要,以恢复她与母亲的关系,她自己的母亲在她10岁时去世;最后是一位母亲因为她对自己性别的愿望、恐惧和失望,而强烈影响到与孩子的性别有关的愿望和恐惧。

当母亲试图处理她的问题而干扰了她对孩子做出共情反应的能力时,这种情况就会变得具有致病性。这种干扰可能发生在这样的情况下,即母亲在试图处理意识层面无法接受的情绪时,过度依赖分裂、否认、投射性认同和冲动行为等心理过程和行为模式。

对母亲冲突心理状态内化过程的临床探讨,将作为一种工具,来阐述关于这一认同的发展假说,并提供关于这种早期认同的具体使用的一些想法,这一早期认同被用作了对过度投射性认同的防御反应。

个案史

R女士[2]是一位34岁的单身女性,出生于威尔士,当她决定寻求心理

1　在这本书里,"早年个人史"并不被看成一个静态的事实,而是动态地构建出来的,它是病人和治疗师朝向的目标,并且它基于病人不断变化回顾视角以及移情和反移情资料的展开。

2　本案例中R女士是患者,R夫人是患者的母亲。——译者注

治疗时,她正在美国一个大城市做着秘书的工作。生活变得"不堪忍受",因为她极度渴望与刚刚和她断绝关系的男朋友复合。没有他,她活不下去,她觉得自己快要自杀了。病人不停地想着那个让她失望的男人。R女士反复思考她之前应该做些什么来防止分手,以及现在她怎样才能让他与她复合。

这是12年来病人第四次卷入这样一种非常强烈、依赖的关系中。在第三次恋爱之后,她接受了一年的心理治疗。当治疗师离开该地区时,治疗就终止了。18个月后,病人第二次寻求治疗。

R女士看起来比34岁大得多,看上去是个相当守旧、有点邋遢的女人,不知为何拒绝接受时代已经改变的事实。她看上去精疲力竭,疲惫不堪;她的眼睛红红的,大概是因为哭泣和缺乏睡眠。

从R女士18岁起,她就有了寻找一个男人共度一生的愿望,这个男人爱她并能减轻她强烈的渴望感和不完整感。支配病人成年生活的几次恋爱是如此相似,以至于对一个人的描述就可以适用于所有四个人。

在前一次治疗结束后不久,病人就与一名长期与女性有着短暂、不成功关系的律师有了关系。病人知道这个男人的这一特点,但却对他没有对她表示任何爱意这一事实视而不见。R女士对他的感情越来越执着,要求越来越高,直到14个月后他告诉她,她"对他来说吃不消",结束了这段关系。病人出现在他的咨询室,求他与她复合,一天打几次电话给他。她会在工作时哭,经常请病假,最后被解雇了。

在与母亲会谈的基础上(具体情况下文会做描述),以及通过与父亲和外祖父的讨论,病人逐步建构了以下个人史,她在治疗的开始阶段对此做了介绍。R女士是威尔士市区一个中下阶层家庭所生三个孩子中最大的孩子。病人的母亲R夫人是一位非常有魅力的女性,她结婚前在伦敦的业余歌唱比赛中取得了一系列的成功。她被认为很有天赋,并且她梦想成为一名著名的歌剧演员。然而,23岁的时候她觉得自己老了,认为自己已经失去了拥有一个成功的歌剧生涯的机会。

R夫人是由两个酗酒的家长抚养长大的,他们几乎不能为他们的两个孩子提供生活必需品。从9岁起,R夫人就开始工作,为自己和弟弟买相对昂贵的衣服,以便给人留下她来自中产阶级家庭的印象。她梦想拥有巨大的财富,嫁给一位外交官或一位有皇室血统的人。

在伦敦期间,R夫人认识了一位男士,并在6个月后嫁给了他,后者最近继承了威尔士一个家族企业。回到威尔士后,他们发现生意已经衰落,几乎破产了。婚后两个月,R夫人怀孕了。这个婴儿被认为是一个安静的、"好带"的婴儿。母乳喂养持续了16个月。在最初的几个月里,R夫人似乎享受着母乳喂养情境下与婴儿的亲密感,在这种情境下,她会对婴儿唱歌。

病人相信,这种关系在她断奶后发生了巨大的变化。从那时起,这位母亲被描述为一个非常强势、愤怒的女人,她会无情地攻击病人。这位病人有着生动的记忆,可追溯到她4岁以前,她曾被鄙视和厌恶地对待,一遍又一遍地被告知她愚蠢至极,不讨人喜欢,极其丑陋。在母亲的心目中,使得这些特征更加令人厌恶的是,它们与病人父亲的特征有着明显的相似。母亲轻蔑地对待她的丈夫,不断地批评他的无能和缺乏男子气概。这位父亲基本上都是一个人待着,很少和他的孩子们在一起。

病人变得沉默寡言,经常很固执,但从不挑事。R女士记得她的童年满是来自母亲的言语攻击,母亲的恶意似乎在每一次攻击中都在增加而不是减弱。

R夫人会周期性地陷入严重的抑郁之中,有时一次会持续数月。在这段时间里,她将不再关心自己的外貌(她在其他时候非常看重),而且忽视了打扫房间和做饭。相反,她大部分时间都躺在床上,自言自语或与女儿谈论她觉得自己有多卑微、多老、多没魅力。

从上学初期起,R女士就对音乐和舞蹈感兴趣,在学校被认为有天赋。当病人参加学校的活动时,R夫人一直拒绝参加。病人成为一名著名芭蕾舞演员的幻想激起了母亲的愤怒,并指责她生活在一个幻想世界里。

病人的母亲一再威胁要将她送到伦敦的一位姨妈那里去住。6岁的时候,R女士被送到伦敦一个月,9岁的时候又被送去一次,因为母亲"再也不能忍受了"。然后,当病人11岁时,在没有任何警告的情况下,母亲与一个比她小10岁的男人一起搬走了。六个月后,她失望又沮丧地回来了。不久,病人和她的家人移居美国。对R女士的言语攻击一直持续到病人18岁离开家。这位病人中学成绩很好,被一所大学录取了。然而,她的父母拒绝支付学费,即便他们能负担得起,所以最后病人搬到了另一座城市,在那里她开始做秘书的工作。几年后,她卷入了四段关系中的第一段,这四段关系支配了她之后几年的生活。

R女士坚持说,她认为她以前的治疗非常有帮助,并将"无论付出任何代价"都要再次接受治疗。在每周两次的治疗中,这位病人很快就建立起了一种模式,即在整个治疗时段里,详细描述她在最近的男友手中遭受的最新侮辱、尴尬和羞辱。这些独白与她对同一个人的强烈渴望和没有他她无法活下去的感觉交织在一起。这些描述是以单调、固执的语气表达的,反映出她无法与男友保持一定的距离或给予双方一定的安全空间。此外,病人努力传达了她的坚忍不拔,即她会坚持这种建立关系的模式。

当治疗师开始感觉到他理解了移情的某些方面或病人交流的其他部分时,他会冒险做一次澄清,或偶尔做一次解释。这类干预措施有时会遭到漠不关心的对待,病人会以与干预前完全相同的方式继续她的描述。例如,在治疗的第三个月,病人花费了大量的时间,机械地和重复地描述了一次带状疱疹发作,这次发作发生在她开始治疗的一年之前。在叙述过程中,R女士谈到了几位医生是如何冷酷无情地治疗她的。她说她一生有过几次这样与医生打交道的经历。"我一直讨厌他们的傲慢,他们利用自己的知识和地位贬低别人,提升自己的自尊心。我和他们中的任何一个人在一起都不能放松,总觉得在被他们羞辱。"由于这个主题在几次会面中反复出现,病人一度犯了错误,用治疗师的名字代替了以前一位医生的名字。在随后的治疗中,治疗师说:"我想知道你是否有时觉得我会成为一个以恩人自居、贬低人、羞辱人的医生?"病人毫无停顿地回答说,治疗师是一名精神科医生,她指的是内科医生。同时,这位病人开始长篇大论地描述她青春期时的一件事,当时一位皮肤科医生在一群医学生面前展示她,这样他们就可以检查她严重的面部粉刺状况。

渐渐地,在经过几个星期的这种互动之后,当病人又试图忽略他刚对她说过的话时,治疗师开始让病人停下来,并要求她考虑一下她的这种互动方式,那就是没有任何证据可以表明,她会"听取"或者"采纳"治疗师说过的话,哪怕片刻都没有。这一干预被忽视,或者只是做一时的口头文章,病人又会回到另一个独白中,就好像什么都没说过一样。同样地,当病人的一再迟到被视为值得探讨其可能的意义时,她的反应是困惑不解。

这种互动持续了6个月,治疗师很难理解这种移情–反移情模式背后的含义。治疗师常常会因为病人不间断的、单调的、毫无生气的描述而感到痛苦,有时会觉得被困在似乎没完没了的治疗时间里。有时,他觉得自己落在了机器人的手中,完全无助,没有任何希望去吸引一个有反应的人类心灵。有时,他想象着自己扼住病人的喉咙,残忍地让她从毫无生气的话语中惊醒。当这些虐待狂幻想达到顶峰时,治疗师感觉到逃离房间的强烈冲动。在治疗师意识到这些反移情情绪的同时,他也注意到了病人独白中反复出现的一个主题。病人开始几乎完全只谈论她母亲威胁要抛弃她的事,以及她实际这样做的三次不同场合。

对所描述的移情–反移情主题及其与抛弃主题的联系的认识,令治疗师对病人说:"我感觉到,你在每一次治疗中的重复描述在某种程度上是对我的攻击,是在努力刺激我攻击你,就像你母亲过去做的那样。也许这会给你一些安慰。毕竟,你母亲攻击你的时候,你至少知道她在那里。"

这时发生了一个微妙的变化。病人似乎并没有被这种解释所触动,不会比被之前的干预触动的程度多,但是治疗中第一次发生了一些不同的事情。在接下来的会面中,R女士继续她的独白描述,但有一个重要的改变:她不再看着治疗师了。病人对治疗师的攻击不再仅仅是一种折磨,有一丝其他的元素在里面。回想起来,这一元素似乎在工作的早期阶段就存在了,但更为彻底地被互动中的折磨者–被折磨者方面所涉及的强烈感情所掩盖。虽然重复描述的形式保持不变,但是在人际互动的本质上有微妙的变化,这种变化微小到几乎难以察觉。病人在治疗开始走向椅子时,不再向治疗师点头;她没有提前几次会面的内容;她的梦很模糊,只有一个人,就是她自己。这位治疗师发现自己宁可努力去维持自己作为受折磨客体的感觉,也不想去感受他身上滋生的越来越令人恐惧和迷失方向的感觉——他根本不在场的感觉。

尽管对这种努力的觉察有助于治疗师自己澄清治疗性互动的本质,但治疗师并没有立即以解释的形式向病人提供这一信息。治疗师感觉到,对这一想法的阻抗仍然非常强烈,治疗联盟是破碎的。

然而,治疗师能够在处理病人提供的材料时,用到这种理解。在接下来的几个月里,当R女士谈到她在与男友和母亲的关系中所感受到的痛苦时,这位治疗师在两个方面都能进行协调,一方面是在折磨者–被折磨者的关系中,病人会觉得母亲更加安全地在场,另一方面是病人在那些时刻感觉对她母亲来说,自己是更加被认可、更加在场、更加真实的。

慢慢地,病人对母亲对她所施加的痛苦的描述,开始进行反思。R女士第一次能够告诉治疗师,在母亲所带来的痛苦的风暴中,那些不常见的但意义重大的平静时期:对R夫人来说,病人和她在没有任何其他人在场的情况下,一起看相册是非常重要的。在这些时候,病人的母亲表现出了她在其他场合没有表现出来的温柔和年轻。她们会花上几个小时看母亲业余歌唱比赛时代以及病人婴儿期早期的照片和剪报。R夫人唱歌的方式是病人真正敬佩和感到宽慰的。她说在这些特殊的时刻，她感到"光芒万丈"。事实上，在治疗时间里，当她安静地谈论那些她对母亲的特殊感受时，她显得很温柔，仿佛她身上有些东西是母亲离不开的。但与她母亲的这些时刻总是突然结束，让病人觉得好像她（R女士）之后就消失不见了。

就在治疗的这个点上，就在治疗联盟似乎正在形成的时候，病人变得越来越焦虑，出现了偏头痛和恶心，并开始取消治疗。过了很长时间，R女士才说她非常害怕和治疗师公开谈话，因为她从一开始就"知道"诊所的另一个部门有一位她认识的秘书，她可以接触到她的个案记录，并一直在阅读。她之所以知道这一点，是因为那位秘书提到R女士已经30多岁了，除了从记录中得知之外，那位秘书没有别的办法可以知道这一点。在治疗师看来，这位病人的外貌看起来有30多岁了，这表明R女士的怀疑实际上没有根据。治疗师和病人探讨了她坚信秘书已经看过她的病历的依据。在接下来的治疗中，治疗师说，他在研究诊所的记录保存做法时发现，秘书不太可能接触到这位病人的个人记录，但如果说秘书接触不到任何人的个人记录，那也不太现实。病人闷闷不乐地说，她到任何一家诊所去看病时，总是一半期望有人会当众羞辱她，并且她猜想，她只能忍受这种危险。

在接下来的几个星期的治疗中，病人能够处理她的焦虑的移情层面。她指出，虽然她在治疗开始前就对医生和违反保密规定的行为感到恐惧，但直到她开始谈论并在治疗中重新体验到感觉光芒万丈的时刻，她才因为被暴露的恐惧而感到不知所措。她说，她觉得自己担心的核心是害怕被发现，害怕被暴露出来，因为她与表面上的样子不同。她谈到了她从童年起就有的幻想和梦想，这些幻想和梦想是关于她被暴露出来,她是个彻头彻尾的骗子。与其说她一直在隐瞒一件可怕的罪行,不如说是欺骗行为本身才是罪行。

随着这件事情得到讨论,R女士的焦虑和躯体化消退了。这位病人接着将这种被暴露的感觉,与她早年和母亲在一起时的感受联系起来。她能理解在"特殊"时刻和母亲在一起的感觉,因为在以前发生的一切和以后肯定会发生的一切中,这种特殊是一种如此脆弱和稀少的情境。这位母亲要多久才能见到病人真实的样子? 令病人吃惊的是,在母亲的折磨中,她也觉察到了对被暴露的同样的恐惧。病人开始意识到她也感受到了被暴露的危险。成为无价值和丑陋的活生生的化身,让她母亲对此咆哮,究竟能持续多久呢?

在这一点上,治疗师可以利用他在反移情中的体验说:"你一定拼命地努力成为一个你母亲可以鄙视和折磨的孩子,因为你一定害怕如果你不是那样,你对她来说就不复存在。"

在治疗的第二年——总共持续了两年——病人对变得不存在的恐惧在移情中出现,并且在病人的外部关系中,在病人对她与母亲早期关系的日益了解中再次出现。在治疗第二年中期的一系列会面中,病人重新体验了一种她从小就没有怎么思考过的怪异感觉,尽管这种感觉对她来说并不陌生。只有通过她对一组记忆图像的描述,她才能向治疗师传达她正在体验到的感觉。

在这些记忆中,病人想象自己在一个光线昏暗的房间里看她的母亲做事,而她的母亲却不知道病人在房间里。当母亲坐在那里听收音机,打扫银器,或者抽烟时,她被描绘为陷入了沉思之中。当病人回忆起这些情景时,她在治疗的几个小时里变得极度焦虑。R女士说她讨厌与这些记忆有关的可怕感受，而且她能听到一种与这种感受相伴随的微弱的、高音调的、"空洞的"声音。病人说这种声音应该用在一部关于外太空的科幻电影中。不知怎么的，这声音让她想起了一个又大又干净的空的不锈钢容器，"上面甚至没有任何指纹"。R女士和她母亲在一起时经常感受到的外太空般的孤独感和无菌的空虚感在几个月的治疗时间里，被强烈感受到了。有时，病人说她对这些感觉感到恶心，害怕她在一个小时的会面结束离开后，只记得治疗师是在一个半明半暗的房间里的、陷入沉思的男人，不知道在治疗过程中她一直和他在一起。

在病人在电视上观看《绿野仙踪》之后的一次会面中，主导这一阶段工作的许多问题得到了更明确的关注。在那一个小时里，R女士描述了她小时候对这部电影的恐惧。她说，在前一天晚上看电影的时候，当看到结局时她非常感动，那时多萝西发现巫师是个秃顶的小个子男人，失望地对他大喊："你是个非常邪恶的人。"巫师说："不，多萝西，我不是一个很好的巫师，但我不是一个坏人。"病人痛苦地抽泣着说："我就像巫师一样。我并不像她所需要的那样特别，也不像她所需要的那样丑陋。如果我不是巫师，我对她来说什么都不是。"

在接下来几个月的治疗中，这种早期关系的各个方面在移情中得到了表达。在某一时刻，病人开始觉得她对治疗师有一些非常特殊的重要性，也许是因为她的明星身份。在此过程中，病人变得非常焦虑，并且在一次治疗中，请治疗师写病假条，说她上班迟到是由于她的治疗会面。在分析了这一请求后，病人意识到她提出请求的原因是，她感觉她对于治疗师来说是如此的不真实，如果不查阅他的记录，他将无法记住她的名字。另一些时候，在治疗期间会有强烈的沮丧情绪，这是因为当她不和治疗师在一起的时候,她有一种对于治疗师来说她不存在的感觉。

这些材料是根据病人的感觉来讨论的,即对她母亲来说她不存在,除了作为母亲需要去折磨和鄙视的丑陋、顽固、邪恶的孩子,或者是那个能够在相册中反映出母亲关于自己的感受的光芒的孩子。

当这些想法中的深刻悲伤得以讨论,病人变得能够越来越自由地表达她的愤怒,这是一种之前几乎完全缺席的情绪。以前,愤怒必须被否认,就像她将迟到归因于她无法控制的事情一样。病人还倾向于躯体化(偏头痛和恶心),或者在人们预料到她会感到愤怒的时候感到有自杀倾向。非常缓慢地,病人越来越能够表达她对她母亲的怨恨,因为她利用她"做她邪恶而神奇的巫师"。R女士还会说,她不再打算成为治疗师的特殊病人,他必须找其他人为他做这件事。这一变化可以被认为反映了这样一个事实,即病人不再害怕承认她自己与她的母亲——治疗师的分离。以前,与"巫师"不同的感受被认为是威胁要将她暴露出来,因为她不仅仅是母亲或她的治疗师的需求和幻想的反映。

她也有一种刚刚发现周围人和事物的感觉。她对治疗师在咨询室里对绘画作品的挑选做了褒贬,并注意到了他穿的新衣服。她似乎也发现自己是一个身体上的存在,衣服和发型都开始更加符合年龄并且更加时尚。再一次,这被理解为病人有能力承认甚至享受她自己的分离感,而不再由于与内化的母亲或与治疗师分离,会对他们两者来说自己变得不存在,而感到危险。

投射性认同与侵犯

投射性认同构成了 R 女士和她的治疗师之间治疗互动的一个重要方面，后者对此的认识是他理解他对病人的反移情反应的核心。例如，R 女士在努力掌控内化了的她与母亲之间折磨–被折磨关系时，严重依赖于投射性认同。在很长一段时间里，病人将这个内化的、痛苦的孩子投射到治疗师那里，而她自己却对她折磨人的母亲有着强烈的认同。这样做，R 女士觉得她摆脱了自己不想要的一部分，并成功地将治疗师变成了那个受折磨的孩子。

这不仅仅是一个幻想，因为病人建立关系的方式在治疗师那里引起了一种非常强烈的反移情反应，在这种反应中，他觉得除了成为被病人折磨的客体之外，他做不了任何事情。治疗师幻想，除了成为受折磨的客体之外，唯一的选择是对病人来说变得不存在。在其他时候，治疗师认为，逃离房间（从而结束关系）将是唯一反抗成为病人的折磨客体的巨大压力的方法。

后来，治疗师开始了解病人的投射性认同是作为一种防御，以防止在移情过程中再次体验与母亲–治疗师分离的痛苦意识。只有通过他觉察到自己的感受是对病人投射性认同的反应，治疗师才能利用这些材料来了解病人，避免对其情感采取行动或关闭其情感。在某种程度上，正是治疗师对这些反移情反应的分析，使病人能够以一种修改过的形式重新内化她投射的一面——她可以将这种形式接受为她自己的一部分，并在治疗的第二年进行分析和整合。

个人史、恢复的记忆，以及移情–反移情模式提供了重要的资料，说明病人所内化的母亲回应能力失败的独特性质。个人史中充满了母亲难以对病人的需要、愿望和兴趣做出反应的例子，只要病人的这些方面并不仅仅是母亲需要病人所成为的东西的延伸。

这位病人在移情中辛酸地描述了她早年受母亲侵犯的经历。在治疗第二年开始的几个星期里，病人在治疗过程中明显放松，似乎从会面中获得了相当大的快乐和满足。在标志着这一时期结束的那次会面中，病人走了进来，坐下来，立刻开始哭。治疗师问她怎么了。她解释说，她刚刚在工作中被老板骂了一顿。然后，她告诉治疗师继续他当天的治疗计划，并补充说，她不想干预他为那次会面制订的计划。

治疗师对此感到吃惊，他说："你是说你觉得我对每一次治疗都有一个计划，我需要不惜任何代价完成这个计划，而我的计划与你恰好感受到的任何事情毫无关系？"病人说是这样，并且她很好奇为什么治疗师称这是她的感觉，因为她觉得这是事实。

这个主题以不同的形式反复出现。由于治疗师有理由确信他并没有对病人反应迟钝，所以这些材料可以被理解为一组感受，这些感受描述的是早年被母亲侵犯的体验。病人逐渐能够将这种与治疗师的互动看作她与母亲关系的重新创造，在这种关系中，对母亲特殊需求的满足取代了对孩子内在状态的共情反应。

R女士介绍的个人史和她建立的治疗关系提供了充分的证据，表明存在着一种强烈的、局限的母亲–女儿相互依赖。这种相互依赖可以理解为是建立在母亲病理的投射基础之上的，其方式是，与孩子关系中非常局限的方面呈现出了极端的重要性，使母亲毫不在意所投射的母亲病理"光束"之外的孩子的品质和样子，并且对其毫无反应（Greenacre，1959）。如上所述，R女士的母亲在强烈的兴高采烈的夸大感和同样强烈的无价值和自我仇恨感之间摇摆不定。这两种感受都成了强有力的投射性认同的基础，而病人是接受者。当病人与这些投射性认同一致时，病人的各个方面对她的母亲非常重要，但这些投射性认同的范围是有限的。病人感到，当她无法成为母亲所投射方面的化身时，她就不复为母亲而存在了。

总之，R女士展示了她母亲的一种形象，她是一个强势的女人，需要她的孩子来反映她自身病理的一个特定方面——邪恶的或者神奇的巫师。更具体地说，母亲的病理特征似乎是自体和客体表征分裂成了理想化和贬损的两个部分。这种分裂主要是通过投射性认同来实现的，并反映在她从自体和客体的理想化到无价值和绝望的感觉间摇摆。对移情和反移情的分析表明，只有当她处于被折磨–折磨人的关系中时，病人才对她母亲来说是真实的，而且她更倾向于这种关系形式，而不是对母亲来说不存在的感觉。对于病人来说，与她的母亲，她的男朋友，以及在治疗中的一个基本焦虑，是害怕被暴露出来，她与母亲的投射幻想中的她不同。如果发生这种情况，R女士担心，她会处在对母亲有意义的领域之外，在这个"光束"之外，她将失去母亲，危险地得不到保护。只要承认与母亲对病人的幻想不同，就会被体验为是对相对安全的平衡的一种威胁，在这种平衡中，病人对她母亲来说是她母亲所需要的那种样子。

一种防御性认同的发展

在从发展的角度看待母亲病理的内化时,讨论必须立即集中于母亲与孩子相互感知方式的变化模式上。一开始,母亲和她的婴儿足够好的互动好像她们是一个整体(Mahler,1968;Spitz,1965;Winnicott,1956),没有内在或外在,自体或他人。母亲的作用是对婴儿的情感和生理需要做出反应,并造成婴儿和母亲合二为一的错觉。当婴儿想要乳房的时候,它就在那里,并且正是以要它的那种方式出现,因为事情本来如此。

R女士给了我们一些迹象,表明她的母亲在这个早期阶段是个称职的母亲,她可以真正地享受照顾婴儿的乐趣,并积极地满足婴儿的需要。此外,在治疗关系中有证据表明,R女士早期得到了母亲足够好的养育。R女士非常善于在治疗师生病期间为他创造一个抱持性的环境:病人在一张卡片上用一种温柔而幽默的方式表达了她对医生的关心,她在卡片上戏仿威尔士家庭医学的救助措施。

在发展区分自体和客体能力的道路上,母亲帮助婴儿创造过渡客体和过渡现象(Winnicott,1951)。过渡客体既是一个由婴儿创造和魔法控制的客体,也是一个独立于他之外的客体。它是哪一个的问题,从来没有人问过,因为它两者兼而有之,从而使问题永远不会出现。一旦意识到了这个问题,孩子就开始认识到这个客体是单独存在的。R夫人帮助病人建立一个过渡性的体验领域的能力,由于她自己的病理对她的共情努力的侵入,而受到了阻碍。病人给我们证据,她的母亲不再是一个灵活响应的媒介(镜子),而是反映着她自己冲突的和不完整的内部状态中非常明确的特点。主观客体过早地被赋予了明确的形状,这使婴儿无法想象她自己创造了它。这导致婴儿过早意识到婴儿与母亲的分离,这是婴儿所不能忍受的。

R女士对母亲病理的内化可以理解为婴儿为了保护自己不被过早承认因过度的投射性认同而强加于她的分离,而采用的一种特殊的防御方式。婴儿竭力维持一种错觉,她在来自母亲的侵犯中所感知到的,是她自己,而不是一个有着与她自己不同的动机和愿望的外部客体。这个孩子试图制造一种错觉,认为她自发的动作明确地以母亲的病理特质为特征,这些特质是通过投射性认同的本质来传达的。她竭力维持一种破碎的幻觉,认为是她制造了她所感知到的矛盾的情绪和感觉,尽管这与她正遇到某个与她无关的东西的感觉不一致。

这种防御性的幻觉根本就不等于创造了正常的过渡客体,后者的特点是"是我还是不是我"这个问题毫不相关。在她绝望地试图否认她对分离的感知时,她将母亲的病理(通过投射性认同来传达的)作为她自己的基本标志,并根据它来塑造她的自体和客体表征。以这种方式演变而来的对性格结构的极度固执的忠诚背后的焦虑,是对重新体验过早与母亲分离的感觉的恐惧,并且遭受强烈的无助感和一种被危险地暴露和不受保护的感觉。

基于这一发展模式,我认为我们可以将正在研究中的内化概念化为一种很有特色的认同的形式。与其他形式的认同一样,它涉及婴儿改变其自体表征和行为模式,以努力使自己像被感知到的客体的过程(Schafer,1968)。这种特殊形式的认同具有以下特征:(1)此认同起源于对来自母亲的投射性认同的一种特定的防御反应,这一反应是为了否认自体和客体的分离;(2) 被内化了的投射性认同的特性,被当成了自体的基本标志,并被用作发展客体关系、自体表征和其他内部结构的模型。

从这个角度来看,瑞塔沃和索尔尼特(Ritvo & Solnit, 1958)基于耶鲁儿童研究中心的纵向研究的观察结果,变得特别有意义。他们报告说,当婴儿的先天特征"与母亲内心中最深刻的冲突"发生强烈抵触时,认同似乎是在为防御服务,而不是为适应服务(p.81)。"孩子完全模仿母亲,并以这种方式完善了关于母亲的一种可控、动觉的形象,以取代母亲的威胁性形象"(p.82)。被模仿的不仅是母亲,而且是处于痛苦之中的母亲,在这种痛苦中母亲的病理表现得最为生动。重要的是,他们的发现将母亲对婴儿充满冲突的处理方式的观察结果,与在儿童中出现某种形式的认同联系在一起,这种认同被认为是为防御服务的,其形式是完全模仿处于冲突状态中的母亲。

所讨论的特定的防御性认同可理解为由于母亲未能充分保护婴儿不受其病理的影响,从而使婴儿过早地暴露在对客体分离性的觉察之中。将母亲冲突的内化表现注入婴儿不断发展的心理结构和组织的许多方面,既反映了婴儿否认分离的巨大努力,也反映了在所讨论的阶段婴儿心理的可塑性和不完整性。这样做的目的并不是通过模仿外部客体塑造自体,而是试图修改内部结构,以否认客体与自体不同的感知。因此,以这种方式塑造的自体和自我不是自豪、力量或幸福的源泉;相反,它们被认为是脆弱和敏感的领域,不能容忍检查,以免伪装停止运作,使病人暴露在与母亲分离的认识之下。

总　结

本章讨论了由过度的母亲投射性认同对婴儿的影响而产生的一种防御性的内化形式。这种内化采取了与母亲的冲突方面认同的形式,并影响病人自体表征、自我和超我功能的性质以及客体关系的发展。本章还提出了一种发展型假设,即婴儿被视为过早意识到母亲是一个独立的人,因为母亲过分依赖投射性认同作为一种关系模式和心理防御形式。为了保护自己不受这种分离意识的干扰,她竭力保持这样一种错觉,即她在被投射的母亲病理中所感觉到的是她自己,而不是她的母亲。其结果是对母亲所投射的方面有很强的防御性认同。这一认同的动机因以下事实而大大增强:只有在母亲病理的"光束"中,即只有在行为方式与母亲的投射性认同一致的情况下,孩子对母亲来说才被感觉是真实存在的。这种类型防御性认同的发展,被理解为代表了对来自母亲的过度投射性认同的各种可能的病理性适应之一。

第六章　精神科住院治疗

住院设置

　　投射性认同概念的临床应用主要是在门诊个体心理治疗的背景下研究的。在本章中，我们将考查在住院治疗中发生的投射性认同。精神科住院治疗工作包括一个宽泛和不太明确界定的治疗框架，并受到进行治疗的精神病院社会系统的强烈影响。

　　在这一章中，讨论了有关住院精神分析工作的几种互补的思路。案例材料将展示投射性认同概念的价值，它是一个框架，用于组织和动态地建立内在心理和人际领域之间复杂的相互作用。最后，将讨论与医院治疗有关的投射性认同的另外两个方面：在一个团体背景中发生的投射性认同和在住院治疗中行动的可及性。

　　即使在精神病院做出最大的努力，将个人心理治疗与患者的其他治疗隔离开来，这种努力也不会完全成功，而且通常会导致有关各方在保持"分析的纯粹性"的假象上进行自我挫败的努力。更常见的是，个人心理治疗被看作病人住院治疗的一个方面,必须在某种程度上与整体治疗方案相结合。通常,治疗师要么是住院医师的一员,要么是病房主任。作为一名工作人员,治疗师将参加各种病房会议,其中一些会议还有病人参加。此外,治疗师和病人在病房或医院内偶然碰上也并不罕见,有时会交换眼神、点头和交谈。与门诊工作相比,治疗师会更频繁地接到病人家属的电话,并接受病人家属的咨询。

治疗师还经常对一些基本问题有重大影响力,例如允许病人吃什么,给什么药,何时允许病人离开医院,允许谁把病人带离医院,病人何时出院,等等。此外,治疗师将与其他工作人员建立关系,这将不可避免地涉及竞争、权力斗争、性吸引和友谊。病人通常会对这些关系有一些直接或间接的了解。此外,病人和治疗师都存在于医院的社会组织中,并受到组织内部、各部门之间的压力和整体趋势的影响。这一复杂和定义松散的住院治疗框架,正是本研究的背景。

概念框架

在过去50年中,一些相互重叠和相互补充的思路已经发展起来,比如,如何用精神分析原理分析精神病院中的治疗。这些论文中最早的一篇讨论了病人在医院环境中的一种倾向,即通过对治疗师的分裂移情,将这些感受的一个或另一个方面转移到不同医务工作者身上,从而将无意识的冲突外化(Bullard, 1940; Knight, 1936; Menninger; 1936; Reider,

1936；Simmel，1929）。

这一现象既被视为观察和理解患者的无意识冲突和对治疗的阻抗的机会，也被视为考察医务工作者与患者保持治疗距离的能力的机会。这些早期文献的写作思路的重点几乎完全是病人无意识愿望和冲突的投射，很少反映工作人员在人际领域有意识或无意识地做出的贡献。

哈里·斯塔克·沙利文（Harry Stack Sullivan，1930-1931，1956）提出的第二条思路是，医院是医务工作者集体创造良好人际交往的社会环境的地方，在这个地方，病人敢于扩展（"凭经验"）他与其他人建立有意义联系的能力，而在其他地方，他往往没有这样的勇气，并强调医务工作者无意识的内在心理和人际限制可能导致医院无法为病人提供适当的治疗（另见 Fromm-Reichmann，1937，1950）。奥托·威尔（Otto Will，1970，1975）和哈罗德·西尔斯（Harold Searles，1963，1975）在讨论他们与住院精神分裂症患者的长期工作时，强调治疗师感知和承认他们与患者在一起经历的各种感受的能力，并将他们对患者理解这些感受的贡献整合到他们对患者的反应中的重要性。

第三条思路是在将医患互动的模式与常见社交模式结合起来（Parsons，1937，1951，1957）后发展起来的。医院内的人际关系包括医务工作者和病人双方有意识和无意识的感情动态互动（Adler，1973；Caudill，1958；Freeman，1953）。此外，医院组织、结构、领导、团体间压力、医院与社区的关系等方面的特质被视为医院内存在的任意人际领域的背景和主要影响因素（Edelson，1970；Greenblatt et al.，1957；Jones，1953；Stanton & Schwartz，1954；Stolland & Kobler，1965）。

从文献中产生的三条思路可以被整合成一个框架，用于处理精神病院内发生的互动。该框架包括：(1)病人的有意识和无意识的动机和意义系统；(2)工作人员在与病人和其他工作人员，在个人和团体互动过程中被激活的有意识和无意识的动机和意义系统；(3)医院组织各子系统内部和各子系统之间的冲突和总体趋势以及各子系统之间的关系；(4)工作人员和病人的自我观察能力、自我理解能力(包括对自己在社会系统中的地位的理解能力)，以及心理和人际发展能力。

投射性认同这个概念，特别适合以统一的方式处理其框架的每个侧面。另外，投射和认同的概念几乎完全聚焦于内心领域的转变，即一个人的思想、感觉和幻想的转变。投射具体指的是否认一个人自体表征的某些方面的内在心理过程。类似地，认同的概念讨论了一个人根据一个客体表征的特征改变自体表征与动机和行为模式的方式(Schafer，1968)。关于接受者的人格体系在这一过程中所起的作用，这一概念没有任何固有的内容。

来自各种分析学派的治疗师和分析师试图产生一种思考方式，它将包括处理医院环境中互动的框架中的内心和人际构成部分。布罗杰的"外化"概念(Brtoday，1965)、旺的"代理的唤起"(Wangh，1962)、温尼克特的"侵犯"和"镜像"(Winnicott，1952，1967)、格里纳克的"焦点共生"(Greenacre)、比昂的"容器和内容物"(Bion，1967)以及桑德勒的"角色实现"(Sandler，1976 a，1976 b)，仅仅是精神分析中关于内心与人际之间相互作用表述方式的部分清单。这些概念中的每一个都可以理解为投射性认同这一更大概念的一个方面特别清晰的陈述。后一种概念提供了一种方式，来组织我们对有意识和无意识的幻想、人际唤起("外部化"或"实现")、客体的容纳和再内化(通过认同或内射)之间关系的思考。

现在将提供一些临床材料,以展示投射性认同概念在实际操作中的应用,也就是将其作为理解在医院背景中发生的复杂且往往令人困惑的特定类型互动的工具。下面所描述的交互发生在两个不同的精神分析取向的住院服务系统中。

临床片段一

F先生是一位被诊断为精神分裂症的25岁男子,当他开始接受一位女性精神科住院医师治疗时,他已经在一个以长期分析为导向的医院中住院一年半了,W医生将在6个月内为这位病人进行密集个体治疗;在这一时期结束时,她的培训将完成,F先生将被转介给一位新的治疗师。F先生的第一位治疗师在完成精神科培训离开该地区时终止了对他的治疗。F先生的母亲在他青少年时期死于脑瘤,从那时起,病人一直幻想这个肿瘤是他愤怒的想法进入她的大脑的力量造成的。

F先生是一位非常聪明的人,他曾多次住院,最初是在19岁。他丰富的幻想生活常常在固定的、迫害的和夸大的妄想中具体化,并伴有幻听。正在讨论中的住院期间,F先生有一段时期出现焦躁不安的精神错乱,在此期间,他对女性工作人员进行了挑衅性的威胁和性挑逗。

在第一次治疗中,这位病人很快就和W医生有了紧密的联系,他想象他的念头进入了她的脑海,并与她的念头形成了一种和谐的、性结合的状态。W医生发现F先生既吸引人又令人害怕,在治疗的早期,她做了一个被他身体攻击的梦。

在治疗的第一个月里，F先生全神贯注于他想象中的其他人对他的看法。他经常觉得人们在嘲笑他，讽刺他，或者模仿他。在讲述这些经历的过程中，F先生评论说："我在扔东西……我在扔念头和想法……它们是某种武器。我需要它们。这些想法符合正在发生的事情……不完全是，但在某个地方是。"还有一次，在病人用纸巾擦去脸上的泪水后，他把湿纸巾扔向治疗师的方向。

W医生意识到，她对F先生所表现出的一种奇怪而微妙的洞察力很感兴趣，并试图在她对他的反应中回应这种提高了的意识状态。同时，她对可能遭受F先生的暴力的持续恐惧使她担心与他独处。她逐渐意识到，她的恐惧在一定程度上是她自己对与他的浪漫愿望相冲突而产生的焦虑。[1]

在W医生与F先生工作的头两个半月里，她允许他率先在治疗时间之外开始接触自己。当W医生在病房走廊看到他时，只有当他邀请她向他打招呼或点头时，她才会向他点头。这与病人和W医生都努力将个人治疗中的强烈感情保持在治疗时间之内是一致的。

在治疗的第三个月的一个早上，治疗师在走廊里看到F先生，并向他问好，尽管他并没有主动与她接触。那天早上晚些时候，就在一次病人–工作人员社区会议之前，F先生突然出现在治疗师面前，大声指责她

1 　这样的反移情恐惧是与精神障碍患者接受密集心理治疗的一个不可避免的部分，并且，在这个案例中，这些感受并不一定是治疗师一方难以处理的病理的一种反映。让自己变得脆弱，去体验自己的焦虑、冲突和恐惧的能力，是治疗师保持开放，作为病人的投射性认同的容器的一个方面。然而，同样重要的是能够获得对这些感受的觉察与掌控，将它们与更加成熟、更加基于现实的想法与自体和客体表征整合起来。

并生气地朝她咬嘴唇。病人明确表示,他感到被拒绝和受伤,并要求治疗师立即与他会面谈这件事。治疗师感到害怕,觉得病人出人意料的责备和要求不公平地打扰了她。她报告说,感觉在不知不觉中做错了什么事,并隐约感到内疚。她敏锐地意识到这一交流的公开性质,以及在这种情况下不可能以深思熟虑的方式思考或做出反应。W医生告诉病人,社区会议后她将与他会面大约15分钟。F先生一言不发地愤然离去。在病人-工作人员会议上,他一直盯着治疗师看。W医生觉得她的脸和嘴唇已经不在她的控制之下了。脸上的每一种表情都可能会被理解成她并没有要刻意做出的那种方式。会议结束后,治疗师在一张桌子旁发现了F先生,他的脸埋在手里。他看上去情绪低落,精疲力竭。他说,他不想与治疗师见面,并将在第二天固定的预约时间与她会面。

刚才描述的在临床上接续发生的事件,涉及住院精神治疗工作中经常遇到的困难。首先,医院组织内存在着相互冲突的子系统问题。培训子系统重视对精神科住院医师的培训,即使这只涉及有限的住院培训期。治疗子系统重视治疗的连续性,并认识到过早终止治疗的破坏性和有害影响。由于医院社会系统内的这种冲突,病人和治疗师从治疗一开始就发现,病房的设计是为了提供长期的、精神分析性治疗,但在某些情况下,个别心理治疗却具有一种系列性、短程性的特质,这一悖论使病人和治疗师面临着矛盾。这一悖论的现实创造了一种环境,在这种环境中,极难进行密集的、精神分析取向治疗。

这一临床材料还突出了住院治疗的第二个特点,而这往往是一个有问题的领域:由于个别心理治疗框架的扩大和定义不那么明确而增加了工作的维度,例如,病人和治疗师一起参加病房会议。在所描述的案例中,患者的不良冲动控制以及他对目前和过去治疗的时间限制的感受,进一步增加了维持治疗边界的困难。

从投射性认同的反响回路的角度来看,所形成的临床情境是可以得到有效解释的。F先生明确表示,他将自己的投射心理过程体验为"抛出想法和思想"的行为——具体化的心理现象被投掷到其他人身上,有时像武器,有时像性器官。类似地,F先生把他浸透泪水的纸巾扔给治疗师的行为,戏剧化了他摆脱痛苦和悲伤的投射性幻想,将其碎片化,扔给了治疗师——投射性认同的幻想成分。

F先生最初试图通过否认他的愤怒来保护自己和W医生,并在幻想中将他的愤怒情绪(毁灭性武器)转化为可以进入治疗师体内的性器官,并与她达到性的和谐。治疗师部分地分享了这种防御模式。她理想化了病人的病理(认为他有奇怪而微妙的知觉力),并试图创造出一种幻想,那就是她可以以一个相应的高度共情的方式理解他,而不需要他把他的想法用语言表达出来——这是治疗师投射性认同的幻想成分。这种共同否认和理想化的状态非常脆弱,这反映在治疗师害怕与F先生独处,以及F先生的偏执症状上。然而,虽然治疗的结束似乎还很遥远,但这种共同防御的微妙状态是可以维持的。

在治疗的第三个月,由于她自己对剥夺病人的内疚感越来越大(治疗即将结束),以及她自己对边界的冲突(特别是她对浪漫幻想的焦虑),W医生单方面打破了治疗框架,在走廊里向F先生问好。F先生明确表示,他认为治疗师的"你好"是对他自己的愤怒攻击。他与治疗师的敌意对峙,代表着他把她扔给他的幻想的心理内容又扔回到了她身上,再加上他以前所掩饰的对她的愤怒——因为她又给了他另一次不胜任和痛苦的治疗体验。

F先生面质治疗师的时机,正好是在另一次会议即将开始时提出了与她见面的要求。治疗师处于措手不及的境地;她感到无助,无法清晰地思考。此外,她非常清楚地意识到,由于时间不够,她无法与F先生一起将事情弄清楚。就这样,F先生在治疗师身上诱导出了与他自己的经历非常相似的感觉,那就是在他不可能做出反应的时间以及地点,治疗师的感觉被强加在他身上。病人反应的强度是由一种更为基本的感觉所激发的,即整个时间有限的治疗未能为他提供足够的时间来思考和谈论治疗过程中治疗师在他身上激起的感情。病人愤怒地、破坏性地进入治疗师的投射性幻想在与W医生的侵入性人际互动中象征性地表现了出来。病人对治疗师的侵略性"攻击"是人际媒介的一个例子,通过这种媒介,在投射性认同的过程中,在另一个人身上诱导出与自己相似的感觉。

在这种投射性认同的强烈压力和她自己的内疚感的压力之下,治疗师又一次打破了原有的治疗框架,在社区会议后主动提出与病人进行一次简短的额外会面。W医生认为她已经失去了对面部肌肉的控制,这进一步证实了病人已经进入治疗师并从内部控制她的这一共同幻想。治疗师的反应强化了病人的幻想,即他能够进入并无所不能地控制治疗师,这与幻想完全一致。

尽管病人从他对治疗师的愤怒和报复性的"控制"中获得了满足感,但整个交流令他精疲力竭,这并不令人惊讶,因为他感到通过这种破坏性的、全能的控制,他成功地杀死了他的母亲。他拒绝在社区会议后与治疗师会面,并声明他将在第二天固定的预约时间与她会面,这表明他自己努力引导治疗师回到治疗的最初框架,这比报复性地控制她,最终可能会给他更多的帮助。

总之,所描述的临床情境可以理解为一系列的投射性认同。第一种是病人试图防御自己对治疗师的愤怒和失望:(1)否认、理想化和性欲化他的愤怒,并幻想将他自己的这些部分存放在治疗师身上;(2)向治疗师施加人际压力,让她共有和谐的性结合的幻想。治疗师没有成功地处理这个投射性认同;相反,她和病人一起试图通过否认和理想化来控制愤怒。

当共同的防御体系因接近治疗终止这一现实而变得负担过度时,治疗师发起了第二种投射性认同:她努力消除自己对剥夺病人的内疚感,并试图通过给病人一份神奇的礼物(她的那句"你好")来补偿自己。然而,病人表示了反感,并且将这一问候作为治疗师对病人愤怒的一种无意识表达——病人这一方的准确洞察——来做出反应。

然后病人发起了第三种投射性认同,他想象着把她的愤怒连同他以前否认的、性欲化的愤怒和对她的失望一起还给了治疗师。治疗师暴露在强烈的人际压力下,体验到病人从治疗一开始就经历的痛苦的无助感。W医生在管理这个投射性认同方面只取得了部分成功。她诉诸行动(给予一次简短的额外会面),而不是坚持重建最初的治疗框架。最后,病人无意识地选择了帮助治疗师重建这个框架,拒绝了额外的会面,并在第二天固定的预约时间去见她。

临床片段二

第二章简要地讨论了一位18岁的偏执精神分裂症患者L,他感觉他的自我毁灭性是如此强大，以至于他不得不通过将自己成长和治疗的愿望归于他人，以保护他的这些愿望。这是通过投射性认同完成的，其中病人(1)无意识地幻想摆脱这些处在危险中的想法和感觉，(2)与他的父母和治疗师进行互动，使他们感到要对他的幸福和治疗完全负责。

尽管他有一些通常意义上的朋友，而且在小学时表现也不错，但L总是与同龄的其他孩子不合拍。严重的困难直到病人12岁才开始出现，这时他发现自己再也无法整理自己的想法了。直到L上高中的最后一年，他才开始出现幻听、联想松弛[1]、奇异的姿势和鬼脸以及偏执思维。

尽管出现了可怕的幻听，并意识到自己的"思维不会像过去那样正常运作"，但这位病人坚持说，他不想去看精神科医生，目前他这样做只是因为受到被赶出父母家的威胁。以前的治疗师要么在一两次治疗后终止治疗，要么拒绝对患者进行评估，因为他不愿意承认任何想要治疗的愿望。在目前的治疗中，治疗师接受了这样一个事实，即L不能容忍持有改变和成长的愿望，只有在受到威胁时才能"被迫"接受治疗。这位治疗师反复告诉L，他不必喜欢治疗，也不用觉得它对他有帮助。他只是必须在那里。治疗师并没有试图向他解释持有这一立场的原因，只是

1　是指患者在意识清晰的情况下，用一组多少有些联系的思维去取代思路清晰、结构严谨的思维，思维活动缺乏主题，内容和结构都散漫无序，不能把联想集中于他所要解释的问题上。尽管每句话都完整通顺，意思可以理解，但上下文前后语句缺乏联系。有时，谈话中夹杂的一些突发的与现实无关的内隐性观念，使人难以理解其究竟想表达什么。这种叙述的混乱虽经检查者提出并要求予以澄清，但病人不能说清楚。——译者注

简单地将其陈述为一个事实。通过这种方式，治疗师让自己成为L不承认的治疗愿望的容器，直到病人感到他可以让这种感觉与他的自我毁灭和自我憎恨的感觉同时存在。

在很长一段时间里，治疗师觉得自己是一个不受欢迎、不被需要的保姆，迫使这位少年在被赶出家门的威胁下，每周与他在一间屋子里坐两小时。治疗师非常怀疑他所接受的培训是否用在了有用的地方。起初，每次治疗的时候病人的父亲不得不把他带过来，并留在候诊室，以防他的儿子拒绝留在治疗师的咨询室。随着时间的推移，L会自己来，通常会早到。他与治疗师在一起的时候开始表现得更加放松，并且几乎只谈论他对父母和治疗师强迫他来接受治疗的憎恨。与治疗师的关系不断发展，给病人不承认自己的成长需求和愿望带来了额外的压力，其中包括希望能够爱和被爱的愿望。随着防御与治疗师融合的恐惧的压力增加（大约治疗9个月之后），L变得更加偏执和破碎，一度在治疗师的卫生间里涂抹粪便，然后否认涂抹的时候他在那栋楼里。通过这种方式，L将一个投射性幻想戏剧化，将一个被贬低的、不受欢迎的、不被承认的他自己的一部分破坏性地强加给治疗师。

几个月后，治疗师安排L住院治疗。治疗师在住院期间继续进行个别治疗，并指派一名医院精神科医生担任病人的管理员。L在另一名病人潜逃并自杀大约一个月之后被送进这间病房。该病房最近任命了一名临时病房主任，同时正在物色一名常任主任。该病房现有治疗项目的未来非常不确定，病房工作人员的未来也是如此。

虽然L自愿接受这一病房，但他只是在被逐出父母家并被告知在接受住院精神科治疗之前不得返回后才这样做。在签到半小时后，L宣布他讨厌"这个垃圾场",并且想要离开。不久,他就从病房里潜逃了。当他不在的时候,工作人员对病人是否有可能自杀感到非常焦虑,并且互相指责谁是罪魁祸首。尤其是,男性医院精神科医生和护理人员之间存在裂痕。4个小时后,L以一种喝醉的状态回来了,他从附近的一家商店偷了一瓶威士忌。

病人坚持说他不想接受治疗,拒绝参加所有病房会议和活动。相反,他看电视、睡觉。偶尔,L会命令治疗师或病房的工作人员让他一个人待着,并说他想做的只是"离开这所监狱"。然而,在最初的几个星期里,他没有坚持要求治疗师或病房工作人员让他一个人待着,也没有退回到他知道他们不会跟着他去的地方,例如,进卫生间。

由于工作人员一方的各种疏忽,L在住院的头几周内又潜逃了五次。病人表现得仿佛工作人员是施虐的狱卒,坚持在他不想要的时候提供精神科方面的帮助。他通过反复潜逃,"证明"他们甚至没有能力成为称职的狱卒,更谈不上可以发挥作用和有价值的精神科工作人员。

正如L证明了他可以轻易地"逃脱",他的叛逆姿态逐渐让位于一种深深的退却,不仅仅是从其他人身边,而且是从整个外在现实中。他大部分时间都在熟睡中。他不再抱怨他的"监禁",这是他以前与工作人员建立联系的一种形式。他穿了好几层衣服,包括四双袜子、两条裤子,以及在夹克里穿三四件衬衫。治疗师每天与L见面,并在他睡觉时坐在他身边。病人不承认治疗师的在场。在这段时间中的一部分里,治疗师谈论在他想象中L感受到的孤独和愤怒。治疗师觉得自己好像在和一个昏迷的人说话,在他说话的时候他觉得自己很愚蠢,但当他保持沉默的大部分时候,他也觉得很无聊。

　　治疗师带了一些包装好的纸杯蛋糕来参加其中的一次治疗,他说他知道L不能随心所欲地来来去去,他可能会喜欢这些。(几个月前,病人曾带着纸杯蛋糕去过一次门诊。)第二天,蛋糕包装纸和一堆面包屑显眼地陈列在L的床头柜上。病人在床上翻来覆去,表示他没有睡着。几天后,当治疗师进入病人的房间时,治疗师发现他睁着眼睛躺在床上。治疗师递给L两卷不同口味的奶味糖果。L打开其中一卷,吃了一片,然后把另一卷递给治疗师,说:"拿着。我受不了奶味糖果。"

　　在住院第二个月的一次治疗中,病人递给治疗师一把通往病房的钥匙,并解释说,大约10天前,一名工作人员把钥匙放在柜台上,他拿了钥匙两次潜逃。他没有说他为什么决定归还,并坚持要把钥匙交给护士,而不是医院的精神科医生。在那之后,他的潜逃停止了,他的回撤和奇异行为减少了。他开始更多地与工作人员交谈。在接下来的几个月里,他对医院的精神科医生产生了强烈的厌恶和恐惧,同时对几位女性护理人员产生了爱慕之情。

　　在这些临床上接续发生的事件中,病人严重依赖于作为一种防御和客体关联模式的投射性认同。他想象自己"好的"、寻求成长的那部分在内心是有危险的,如果他能把自己的那一部分放置到另一个人身上,就会更安全。在住院和精神病性心理平衡失调之后,L对自己的内外世界越来越失去控制,这使他加倍努力否认自己对自己的幸福和治疗负有责任。

　　在医院里,L拒绝参加会议,他不断威胁要潜逃,这导致工作人员把自己看作专事惩罚的狱卒,而不是提供心理治疗项目的精神科工作人员。更有甚者,病人多次成功地潜逃,结果使工作人员不得不认为自己是不知所措、缺乏组织和无能的人。病人每次潜逃后自己回到"讨厌的"医院,反映了他希望与工作人员建立和维持一种特定形式的客体关系,而不是结束客体关系。病人发现有必要攻击并贬低自己寻求治疗的那部分,那部分在幻想中位于工作人员身上。由于医院社会制度的状况,工作人员很难成功地处理这一投射性认同所涉及的感受,因为这就需要他们来容纳病人寻求成长的那部分,而这些部分随后就会受到强烈的攻击。由于最近发生的病人自杀、领导换人,以及病房项目未来的不确定性,工作人员无法相信他们能够安全地容纳病人寻求成长的部分,特别是当他们提供可靠和有价值治疗的能力被强烈贬低之后,再去容纳就更困难了。

为了摆脱这名病人的破坏性影响,工作人员在潜逃预防措施方面松懈,因此默许L多次离开医院,并使自己处在医院之外的潜在危险之中。同时,工作人员将潜逃看作一种失败,是他们缺乏能力和效率的进一步证据。因此,当病人返回时,工作人员甚至无法处理讨论中的投射性认同。

工作人员遗留在病房的钥匙,暴露了工作人员的矛盾行为,并有力地反映了他们对生活在病人情绪压力下的矛盾情绪的感受。因此,工作人员未能充分处理病人的投射性认同,而是按照摆脱这个暗中为害的病人的愿望采取了行动。对于L来说,投射性认同作为一种防御方式,用来抵御对他自己全能自我毁灭性的焦虑,逐渐变得不能胜任。结果,他的焦虑明显增加,并导致精神病性回撤。

病人非常害怕工作人员将钥匙留在外面这一行为中所体现的赤裸裸的失败。和F先生一样,在幻想中控制另一个人是一回事,而得到对幻想的确认则是另一回事。一旦工作人员感到在现实中被病人的自我毁灭性所控制,病人就不能再利用员工作为他宝贵的寻求成长的那部分的容器。在这个时间点上,L对能得到工作人员的帮助感到绝望,并从人群中回撤。与治疗师的联系并没有完全断绝,正是通过这一关系才进行了修复努力。这些修复的尝试由病人向治疗师交出病房钥匙体现出来。L然后转向另一套防御,这一次是基于一组理想化的客体关系和一组被贬低的、充满恐惧的客体关系之间的分裂。在此期间,病人时而理想化治疗师,时而贬低他。这种新的防御模式和客体关系形式在一定程度上是以L在医院病房的社会制度中遇到的预先存在的分裂为模型的,也就是男性医院精神科医生和主要是女性的护理人员之间的分裂。

L形成了一套新的投射性认同方法,其基础是将自体的良好品质外化到护理人员身上,将不良品质外化到医院精神科医生身上。通过这种方式,他寻求成长的部分和自我毁灭部分被允许在自己之外保持张力地存在,因此更多地受制于其他人的内部控制,以及被建构在社会系统之内的那些人。走向这些新的外化并不意味着对最初的投射性认同中所涉及的焦虑和幻想的重大修通;相反,它代表了一种适应,它基于对社会系统的知识,这一知识是从对该系统内未完全加工的投射性认同的体验中收集到的。

进一步的临床启示

在这个点上,将提供应用投射性认同的概念的几个方面,这些方面在之前临床讨论的过程中没有直接谈及。将只会提供一个临床材料的概要。

团体投射性认同

到目前为止,临床讨论主要集中在如何从投射性认同的角度理解工作人员与病人之间的互动。我想从同样的角度,简略地讨论住院部的团体互动。

一种老生常谈的说法是,团体中的某一特定成员可能在没有意识到他正在这样做的情况下,表达或上演整个团体的感受。但这是什么意思呢？某一团体成员是如何不再作为个人说话或行动,而是成为表达集体感情的媒介的呢？我觉得,当人们用这些术语说话时,他们谈论的是团体中的投射性认同。由于许多因素,通常与所涉及的团体成员的个人心理动力学有关,在团体环境中产生的一套特定感受被认为是不能接受或不能容忍的,而且团体中的许多或所有成员都希望摆脱这些感受。然后,这个团体分化成两个部分分离的心理派系,其中团体的一部分充当投射者,另一部分则充当接受者,通常是一个人。投射者可以感觉到彼此之间的联系,因为他们都无意识地想象他们已经摆脱了自己不想要的和不能接受的一面。在那些充当投射者的人中,常常有一种高尚的感觉。相反,接受者被视为——并无意识地感觉自己——作为被排除的、不可接受的感情和属性的容器,而这些情绪和属性是这个团体先前共同拥有的。接受者被施予了压力,要求他们以一种与共有的投射性幻想相一致的方式表现和体验自己。

例如,在一个长程精神分析取向的病房中,许多工作人员同时外出度假。病人普遍感到被忽视和不被关心。几个星期的社区会议的特点是长时间的沉默,然后是病人的出席人数迅速减少。在此期间的一次会议上,其中一位病人开始以一种高度紧张、好斗、控制欲很强的方式不停地讲话,这种方式强烈主导了会议。当工作人员努力让其他人有时间发言而不被她攻击时,这位病人强烈指责工作人员"和她过不去"。其他病人看着,并感觉受到了这位病人的伤害,对工作人员试图保护他们不受这个急躁、贪婪、愤怒的病人的伤害感到欣慰。每当好战的病人似乎对控制会议感到厌倦时,总有一位病人会间接提到过去让这位病人觉得丢脸的情境。

这样,团体无法接受的、苛刻的和愤怒的那些情绪被想象成只存在于一位成员身上,而只有他是得寸进尺、愤怒和强势的。这位女病人以与投射的东西一致的方式体验她自己,并且强烈地上演了这些感觉。对她来说,不仅被允许,而且被邀请去上演挫折感和被剥夺的感觉,是一种满足。对于其他人来说,觉得这些感受被清除掉了是一种解脱;同时,在面临很大一部分工作人员缺席的情况下,当接受者表达她的渴求、忽视和拒绝的感觉时,他们无意识地感到与接受者是合一的。

此外,有几名工作人员充当了内部好母亲保护和养育品质的接受者。这部分工作人员被视为是为了保护每个病人的内部好母亲,使其免受那个病人在自己身上看到的贪得无厌的孩子的伤害。这些工作人员认为自己高尚地防卫了病人团体中无助的那一部分。这些工作人员热切地接受这一角色,因为这有助于防御他们在暑假期间抛弃病人而产生的非理性内疚感。理想的情况是,与其作为"保护者"采取行动,工作人员本可以单独和集体地质疑为什么他们感到如此迫切需要保护病人团体中"无辜"的那一部分。

行动对容纳

住院治疗环境提供了采取行动的机会。当然,即使在经典精神分析中,也存在着思考、谈话和感觉以外的行动(例如,结束一次治疗,改变在沙发上的位置,支付费用等)。然而,这类行动与住院治疗所带来的行动在数量上有很大差别,因此,治疗互动的这一层面必须被视为住院工作的一个核心特征。

容易采取行动所带来的危险是,接受者有机会立即将病人投射性认同的内容转化为行动,而不是容纳诱导出的感觉,并给予时间整合和理解互动过程。希望病人去释放工作人员在容纳投射性认同过程中产生的感情的压力,往往以让病人"适当行动"的名义被合理化。

在精神科病房,容易采取的行动类型包括告诉病人自己太忙没法谈话,让病人与另一名工作人员交谈,与病人握手或拥抱病人等。当然,这些行为本身都不一定是反治疗的,但可以作为否认、分裂和投射等防御机制的上演,而投射性认同原本应该成功加以处理的。

护理人员往往视自己为精神科病房的"实干家",而治疗师则是"空谈者"。当这种情况发生时,其实是一种非常不幸的事态发展,因为这意味着当护士不做事(不采取行动)时,她们要么是懒惰和逃避自己的职责,或假装是谈话组(治疗组)的成员。治疗人员中的任何一员的可察觉的作用必须在根本上包括主要通过思考和感受,成功地容纳和整合投射性认同这一任务(Lerner, 1979)。然后,用于向病人提供此类心理工作结果的行为类型(言语解释、身体接触、合作性的任务导向工作等)将根据工作人员的角色以及特定工作人员和病人的个人心理构成而有所不同。

总　结

在简要回顾了与住院精神分析工作有关的几条思路之后,给出了两个例子,说明投射性认同的概念如何应用于住院精神病治疗过程中发生的互动。在第一个例子中,治疗子系统和培训子系统之间的冲突导致了个体治疗中的一种压力,病人和治疗师通过一系列具有回响性的投射性认同来处理这种压力。正如在住院环境中进行的个体治疗中所常见的那样,拓宽了的个体治疗框架成了这些投射性认同的人际舞台。

在第二个例子中,医院的状况强烈地影响了工作人员管理某些投射性认同的方式。病房领导的不稳定和病房项目未来的不确定性削弱了工作人员的能力,使他们无法充分处理病人将成长愿望倾注在工作人员身上的幻想。这之后是对工作人员的攻击,因为他们未能成功地容纳那些被否认的自体的一部分。

最后,从投射性认同的角度讨论了住院工作的另外两个方面:团体动力学的方面和住院工作中容易采取行动的问题。

第七章　精神病性冲突的本质

历史与概念框架

从弗洛伊德开始,是从心理意义的相互冲突上理解精神分裂症,还是从产生心理意义的能力水平上理解精神分裂症,精神分析师们一直左右为难。本章提出的理论认为,只关注这两种中的任何一种都是不够的,有必要形成处理这两者之间相互作用的概念,即心理意义的水平上和产生这些意义的能力水平之间的相互作用,以便形成一种关于精神分裂症的综合性精神分析理论。

本章讨论了一种精神分析式的系统阐述,其中精神分裂症被视为一种形式的精神病理,这一精神病理涉及希望维持一种意义可以存在的心理状态,与希望破坏意义和想法以及思考和创造体验的能力两者之间的冲突。此外,该理论认为,不仅存在破坏意义的愿望,而且这些愿望是以精神分裂症患者实际攻击他自己赋予知觉意义的能力和思考他所感知到的东西的能力的形式实现的。

弗洛伊德派理论

40多年里,弗洛伊德一直在思考精神分裂症是否可以用与神经症相同的术语被概念化,或者是否需要开发一套新的术语。1894-1937年,弗洛伊德提出了三种不完备但部分重叠的精神分裂症理论。第一种理论(Freud,1894,1895,1896)认为精神分裂症是一种极端形式的冲突,涉及不可接受的愿望(后来被认为是本能的衍生物)和对这些愿望的防御。[1]他把精神病患者和神经症患者之间的差异仅仅看作所使用的防御类型以及不可接受的想法,及其相关情感被否认的程度上的不同。有了这些不同点,神经症患者和精神病患者就可以用相同的术语加以概念化了。

第二种理论是这三种理论中最碎片化的一种,只不过是弗洛伊德对精神分裂症的奇怪行为和思维方式以及截然不同的移情能力,能否对纯粹从不可接受的本能衍生的冲突、防御和妥协加以概念化存在深深的怀疑。他反复提到这些疑问和他的怀疑,即精神分裂症和神经症之间可能存在质的差异,而不是量上的差异。1896年,他谈到了"自我的另样化",这意味着"自我的思维活动"发生了变化,尽管他没有具体说明他心里认为改变了什么。在这里,"自我"一词似乎在很大程度上

1　弗洛伊德1894年和1896年的论文,将精神病作为一个类别,既包括精神分裂症又包括妄想症。虽然弗洛伊德坚持,这两种类型的精神病应该被看作一个单独的临床实体,但是他觉得——除了精神分裂症中固着点更早,以及妄想症中投射占主导——这两种精神病理的形式可以按照一种单一的理论来理解(Pao,1973)。

与"人"同义，主要指的是人的思维方式。1911年，弗洛伊德曾说过，希望将来能够描绘出"自我的异常变化"，以区分神经症和精神病。1926年，弗洛伊德再次重申他的感觉，即神经症和精神病是"密切相关的"，但补充说，它们"在某些方面有决定性的区别"，这是弗洛伊德一个尚未实现的目标。1937年，他又回到了改变自我的想法，但还是无法澄清这个概念；他也无法区分精神病人自我的改变和神经症患者自我运作中的防御性转变。

　　第三种理论是最全面的。它与其他两种理论部分重叠，因为它包含突出神经症与精神分裂症之间连续性的方面，以及被许多精神分析师理解为推断精神分裂症特有理论的方面。第三种理论（Freud，1911，1914 b，1915 c，1924 a，1924 b）以客体的"去投注"概念为中心。[1]弗洛伊德将精神分裂症概念化为在非常早期的发展阶段（自体性欲阶段）包含了一个固着点，后来又退行到那个阶段，这一退行是由令人挫败和冲突性的客体关系引起的。在与客体发生冲突的情况下，投注被从对客体的意识与无意识表征中分离出来，而被置换的投注被转移到自我上。这样，精神分裂症患者不仅切断了与外部客体的联系或"否认"（Freud，1924 b）外

1　伦敦（1973a）已经详细说明了弗洛伊德对"去投注"这一概念使用上的转变，以及随之而来的弗洛伊德的精神分裂症模型的转变。有时候，弗洛伊德（1911，1924a）用"去投注"这一术语，主要指的是社会退缩，与从客体表征的力比多投入的回撤形成对照。在这一意义上，关于精神分裂症的第三种理论，代表着在心理退缩这一主题下集合起来的一批理论。

部客体,而且整体上放弃了心理表征。[1]精神分裂症患者试图恢复与其客体的联系的努力只取得了部分成功,正是在这些恢复的努力中产生了精神分裂症状。

弗洛伊德的第三种理论保留了一种冲突与防御的形式,包括希望从客体回撤(即,从有意识和无意识的表征中撤回投注),而不是希望保持与客体的关联性(Pao,1973)。弗洛伊德认为神经症和精神病都会导致力比多与外部客体分离。在神经症的情况下,力比多投注被置换到不那么基于现实的客体心理表征上(Freud,1914b),在精神分裂症的情况下,力比多投注被置换到自我上。然而,尽管神经症和精神分裂症的外部客体表征的力比多去投注相似,但是弗洛伊德完全不确定神经症和精神分裂症与现实的冲突,以及神经症和精神分裂症中客体表征的去投注是否类似:"最肤浅的反省向我们表明,这种逃离的尝试,自我的逃离"——在精神分裂症和其他自恋障碍中——"的实施要彻底和深刻得多"(Freud,1915 c,p.203)。

精神分裂症的特定理论

继弗洛伊德之后,在精神分裂症和神经症是否都能被理解为单一的

---

1 弗洛伊德(Freud,1924a,1924b)在一段时间里怀有一种想法,那就是神经症和精神病之间的区别在于,前者涉及自我与本我或者超我的冲突,而后者涉及自我与外部世界之间的冲突。然而,弗洛伊德(Freud,1927)后来不再将这一点作为一种有用的核心区分点了。

内心冲突和防御连续体,或者是否有必要发展与神经症模型的参数不连续的精神分裂症专用术语的问题上,精神分析思想继续存在分歧。这两个方向分别被伦敦(London, 1973a, 1973b)称为"统一理论"和"特定理论",被格罗特斯坦(Grotstein, 1977a, 1977b)分别称为"冲突模式"和"自我缺陷模式"。统一理论的支持者包括阿洛和布伦纳(Arlow & Brenner, 1964, 1969)、保(Pao, 1973)和库比(Kubie, 1967),而赞成精神分裂症特定理论的人包括伦敦(London, 1973a, 1973b)、韦克斯勒(Wexler, 1971)和弗里曼(Freeman, 1970)。

伦敦认为弗洛伊德的第三种理论隐含着一种心理缺陷理论,或者精神分裂症特有缺陷理论。他认为,在弗洛伊德关于无意识客体表征的去投注理论中,有一种"内部灾难"的概念(Freud, 1911),即心理伤害或缺陷,包括创造和维持心理表征能力的根本紊乱。这种紊乱或"缺陷状态"(另见 Wexler, 1971)处在"高于"心理表征和内在动机的水平;它存在于一个人创造表征和动机的能力的水平上。从这一角度来看,弗洛伊德的第三种理论包含了一个观念,那就是在很大程度上,精神分裂症患者之所以那样思考和行动,是因为他的心理结构在超越心理意义的水平上是有缺陷的,从这种意义上说,精神分裂症患者是不能按照内在动机和意义来理解的。

比昂对联结的攻击理论

比昂（Bion, 1959b, 1962a, 1962b）提出了一组心理功能（统称为"阿尔法功能"），它们将感官印象转换成一种形式，可以在心理上被记录、组织和记忆。然后这些转化后的感官印象可以用来进行有意识和无意识的思考。未被转换的感官印象被视为事物本身，它们被存储为"未被消化的事实"（而不是记忆），无法彼此联系。这些未被消化的感官印象并不构成体验，因为这些印象没有任何意义。感知只有在感官印象转化为象征后才能成为有意义的体验，而象征又可以进行有意识和无意识的思维过程，如幻想形成、做梦、防御活动、初级和次级过程思维等。如果感官印象没有转化为象征，就不会有意识和无意识的思想，没有记忆，也没有从一个人感知到的东西中学习的能力。

未被消化的事实（无法进行思考的感觉资料）可以通过投射性认同的方式进行排空，以使自己摆脱"感官增积物"的积累。在有一个人可以作为这类投射性认同的接受者的条件下，未消化的事实可以由接受者加工，并作为有意义的象征让投射者得以再内化。比昂提出了一个起源学假设，即通过母亲对婴儿、原始感觉资料的加工，婴儿学会加工自己的原始感觉资料，从而发展出自己的体验和思考的能力。当母亲不能或不愿意充当这种投射性认同的容器时，婴儿的体验和思考能力的发展就会受到干扰。

比昂认为投射性认同是母亲和婴儿之间联结的主要形式，母亲拒绝接受和容纳婴儿的投射性认同被感知为对这种联结的攻击。母亲的拒绝可能采取以下形式：否认婴儿的感觉或知觉，诱导感觉的上演，努力通过进一步的投射性认同来消除诱导的感觉,等等。母亲拒绝容纳婴儿的投射性认同的效果是剥夺婴儿的想法和感受先前所具有的任何意义。然后,攻击联结的母亲被内化,成为婴儿对不可接受的现实做出反应的模式,他攻击自己的内在联结过程,特别是他将感知与意义联结起来的能力(创造体验)和将想法联结在一起的能力。根据比昂的说法,精神分裂症患者不是发展出一种思维结构,而是发展出一种异常增大的"投射性认同器官"。

正是在这里,我觉得比昂的结论偏离了临床观察,不符合他的投射性认同概念。他描述了一种场景,在这一场景中,创造体验和思考的能力受到攻击,特别是婴儿和母亲之间的主要联结——调节投射性认同的心理能力——受到攻击。然而,投射性认同不是一种身体"器官",而是一组幻想和相伴随的客体关系,因此,对涉及攻击幻想和与客体建立联系的能力的思维过程的攻击,一定会干扰而不是增强投射性认同的能力。事实上,正如后面将要讨论的那样,随着思考和体验能力的降低,投射性认同的能力也在降低;当精神分裂症患者接近一种非体验状态时,所有类型的幻想活动(包括作为投射性认同中心的投射性幻想)逐渐减少,而投射性认同所特有的人际压力实际上是缺失的。

格罗特斯坦(Grotstein,1977a,1977b),在一组论文中,补充并扩展了比昂关于精神分裂症的研究。他认为精神分裂症性的冲突和防御起源于婴儿试图适应一种不断发生紧急状况的心理状态,这种心理状态要么是天生刺激屏障缺陷造成的,要么是天生对感知过度敏感造成的。由于其中一个或两个天生缺陷,创造了一个背景,其中强大的破坏性愿望和冲动被过早释放。然后异常增大的和早熟的防御投入运作,以应对这些强大的本能力量。这些异常增大的防御代表了婴儿对上述紧急状况做出反应的绝望尝试。

格罗特斯坦引入了"先天压抑"（connative suppression）一词来描述精神分裂症患者对其自身思维过程的攻击,这种攻击不仅破坏了将感官资料转换成一种能赋予意义的形式的能力,而且还使精神分裂症患者无法对自己感到好奇,更不用说掌控自己的生活了。精神分裂症患者生活在"无序和混乱的非思考的大漩涡中"（1977b,p.434）,这使他无法思考自己的感受,无法分类,甚至无法描述自己的体验。"他根本不知道他对事情的感觉……为了保护自己免受痛苦,精神分裂症患者攻击自己的感觉能力"（Grotstein,1977b,p.434）。格罗特斯坦强调比昂对"怪异客体"形成的理解,这是"夭折的前思想"（stillborn prethoughts）切成碎片的残余物的投射造成的。然而,和比昂一样,他并没有试图阐述一种逼近非体验状态的方式,尽管他对精神分裂症（其核心思想是对体验和思考能力的破坏性攻击）其余部分的表述似乎也会要求他这样做。

精神分裂症的综合观点

弗洛伊德关于精神分裂症的开创性思想和随后的分析工作使人们意识到需要有一种精神分裂症的理论,这一理论:(1)反映由感觉上不相容的一系列感受、想法、愿望、幻想、冲动所造成的心理紧张的中心地位,例如对一个矛盾的爱的客体的攻击性愿望和对有意识地拥有这种感觉的恐惧和压抑;(2)反映对这种心理紧张的特定适应方式(防御形式和客体关联性的模式)决定了所导致的症状的形式;(3)充分解释精神分裂症与神经症思维和行为之间的根本差异;(4)处理心理表征、动机和意义的水平与调节创造心理表征、动机和意义的能力水平之间的关系。

精神分裂症的综合理论必须解决内心冲突的水平与产生心理意义的能力水平之间的相互作用。与神经症不同的是,精神分裂症不涉及心理冲突,因为在心理冲突中,不相容的意义可以有意识地或无意识地在一种紧张状态中共存。在精神分裂症性冲突中,存在一种意义上对立的元素,即与体验有关的愿望的对立,但冲突并不仅仅在那个水平上表现出来。更确切地说,攻击的愿望是见诸行动的,而不仅停留在单纯的想法或幻想上。[1]神经症性冲突涉及多组意义之间的紧张关系;精神分裂症性冲突涉及希望维持一种意义可以存在的心理状态与对创造和维持意义的能力的实际攻击之间的紧张关系。

精神分裂症患者为解决这一冲突所做的各种尝试导致了各种类型和不同程度的非思考和非体验状态的产生,而这些类型和不同程度可以在临床上加以区分。存在一种精神分裂症阶段,其特征是一种近似非体验状态,这种状态事实上并没有精神分裂的心理过程,这一理念与比昂和格罗特斯坦所提出的精神分裂症模型有很大的不同,具有重要的理论和临床意义。

1　攻击一个人自身的体验和思考能力这一想法,从根本上说,指的是一种无意识的行为,给一个人允许自己去感知和体验的东西施加限制,并且给他允许自己思考的方式施加限制。

正如已经讨论过的,弗洛伊德对精神分裂症的概念有时侧重于相互冲突的心理意义的水平,有时强调存在一种具体的"自我改变",即人的"思考"能力的变化,这一变化超越了心理表征、意识水平和心理联结上的改变。我提出的精神分裂症模型,以心理意义水平和产生这些意义的能力水平之间的相互影响为重点。该理论试图揭示那个二元性的成分之间的关系,即心理冲突状态与精神分裂症患者产生意义能力的改变之间的关系。

精神分裂症性冲突的解决

本节讨论了解决精神分裂症性冲突的四个阶段,其中一个阶段取得的成果为下一个阶段奠定了基础。每个阶段都有自己特有的防御、象征、内化和交流模式,以及其自身建立客体关系的水平和现实检验的能力,以及相关的自我功能。这四个阶段是:非体验阶段;投射性认同阶段;精神病性体验阶段;象征性思维阶段。

解决精神病性冲突的阶段

现在,我将简要介绍对一位精神分裂症患者实施强化心理治疗的过程。我将对这些材料进行评论,特别是它围绕解决精神分裂症性冲突的四种类型的尝试及其组织方式。为了说明起见,我将分阶段描述这个过程,但必须强调的是,临床上这些解决冲突的形式很少会单独呈现。

非体验阶段

菲尔19岁的时候,被收治进一个长期的、精神分析取向的住院治疗项目。从15岁开始,菲尔逐渐变得沉默寡言,到18岁时,他几乎完全沉默了。

在他住院一年前,他被发现睡在一个他几乎不认识的邻居的卧室里。当菲尔被邻居叫醒并护送回家时,他似乎很平静。他被安排在学校的特殊教育班学习,并按照指示全天顺从地坐着。在此期间,他的《韦氏成人智力测验》(WAIS)智商从105下降到55。当一群女孩在午餐时间让他在自助餐厅脱下衣服时,他这么做了——并且似乎不理解接下来所发生的骚动。几个月后,菲尔对住院毫无反应,尽管这是他有生以来第一次与父母分离。

虽然给了菲尔一份何时接受治疗的日程安排,可以挂在他的房间里提醒他按时来,但他每天还是要被提醒去做治疗。当他接受心理治疗时,他会坐下来,把腿伸出去。偶尔,他会揉自己的胃,当治疗是在午饭后的时候,他会打嗝和放屁。在温暖的日子里,他会躺在地毯上睡觉。治疗师认为这些治疗平平淡淡,但不至于难以忍受。常常有一种无聊的感觉,但并不是那种令人痛苦的无聊。通常情况下,治疗师会试图从病人懒洋洋的举止中寻找意义,并想知道菲尔是否试图传达一些关于内部麻木的信息,或者试图让治疗师感到无用或丢脸的信息。但是这些信息仍然只是一些猜测,治疗师对这些信息并不太确定。治疗师注意到的是,自己没有愤怒和挫败感,也没有复仇幻想,而他治疗一位"抗拒治疗"的病人时通常会经历这些。和菲尔坐在一起并不令人觉得有趣,但也不痛苦。这位病人身上有一种很好的东西——如此善解人意、如此普通、毫无差别的健忘,以至于治疗师都不愿对他发怒。治疗师没有感觉到菲尔否定了他的存在,相反,他觉得他是为了菲尔而存在的,但仅此而已。

治疗师一开始就解释说,他和菲尔见面是为了谈论和思考菲尔的任何感受和任何想要谈论的事情。回想起来,向这位病人讲述这一期待似乎是不切实际的,几乎是荒谬的。菲尔似乎满足于坐在那里,只要治疗师希望他这样做。他从来没有主动提出任何评论、问题或想法。当治疗师问一个抽象的问题("有什么新鲜事吗"或者"你怎么看电视上的棒球比赛")时,菲尔要么保持沉默,要么耸耸肩。他会回答一些非常具体的问题,比如"你午餐吃了几个汉堡包"或者"电视上的棒球比赛谁赢了"但他的回答往往是不正确的。

菲尔似乎对任何事情都没有好奇心或兴趣,尽管相对于其他节目,他确实喜欢看体育赛事。在这段持续了大约8个月的时间里,还值得注意的是菲尔没有某些类型的精神病症状。病人似乎没有产生幻觉,也没有偏执或夸大的行为;他似乎对人和地点很适应(其实他几乎没有时间感);也没有明显的妄想。事实上,没有证据表明他有任何形式的幻想。

刚才所描述的治疗阶段是精神分裂症性冲突解决的非体验阶段(第一阶段)。最重要的是所有体验在情感上是等价的:一件事和其他事情一样好或一样坏;所有的事情、人、地方和行为在情感上都是可以互换的。人、地方和客体都是被感知、登记，并且在物理上是有区别的。例如，菲尔能分辨出他的房子和邻居的房子。然而，由于所有的事物和地点都是可以互换的，从情感意义上讲，无论是睡在自己家里还是睡在邻居家的床上，对菲尔来说都没有区别。因为所有的行为都是等价的，要求他在公共场合脱衣服他并不被认为是特别的。没有什么是不同寻常的，因为每件事都具有相同的情感价值。因为菲尔的客体是可以无限互换的，这反映了一种心理状态，在这种状态中，所有的东西都可以替代其他的东西，创造了一种类似于一个数字系统的情形，在这个系统中，有无数个整数，但所有的整数在价值上都是相等的。加法、减法和所有其他操作在形式上都是可能的，但是它们中的任何一个都没有意义，因为你总是会得到与你开始时相同的值。

菲尔没有表现出思考事件的原因或行为的意义的能力，也没有表现出任何好奇心，而这本可以表明对学习有一些兴趣。没有迹象表明他有能力进行任何形式的原始精神活动。他所进行的是生理反射水平的活动：打嗝和放屁。从菲尔的打嗝中推断出心理意义，就像给膝跳反射加上心理意义一样荒谬。在一个没有意义的领域中寻找意义是否认的一种形式。

在上述对治疗的描述中，可以注意到，治疗师没有人际压力去看待他自己或没有压力地以某种特定方式行事。没有压力本身也可以被看作一种压力，但是当你仔细想一想，在一个有他人存在的房间里，治疗师感觉没有人际压力，或者防御性地想象人际压力的某种形式时，这种逻辑就无效了。并非治疗师的所有心理活动或感觉都能反映病人的内在状态。在试图确定是否存在投射性认同描述的人际压力时，治疗师当下和在回顾时感觉到,他的感受、想法和自我形象的范围受到了局限,这一点是非常重要的。治疗师在对他的心理状态进行分析的基础上采取的干预措施,没有得到治疗效果或后续治疗效果的验证。在此基础上,可以推断出防御活动、交流和基于投射性认同的客体关系的缺失。这种缺失是第一阶段的特点。

应该强调的是,虽然菲尔的心理状态缺乏创造意义的能力,但没有证据表明菲尔的生活对他来说是毫无意义或混乱的,将这种主观意义赋予他的生命是不准确的。这种无意义并没有被体验到,因为没有任何东西被体验到:它是无意义的但是并不觉得是无意义的,因为没有能力去感受或体验任何东西。在这一阶段病人的心理–人际特征应该与处于紧张型精神病性回撤状态的病人的心理–人际特征形成对比。乍看之下,紧张型精神分裂症患者在心理活动和体验能力水平上可能与菲尔相似,然而,紧张型精神分裂症患者会很快(通过他的姿势、肌肉紧张和其他非语言线索)表明他强大的愤怒,以及他的意义系统的其他方面(Rosenfeld,1952a)。

在第一阶段与病人一起工作时,有一件事是非常清楚的,那就是即使一个人想这样做,也不能强迫另一个人去思考或赋予感知以意义。唯一可能的是努力为重新建立体验和思考的能力创造条件。这主要包括避免加入病人对体验和思考的攻击,如果病人选择——无论多么犹豫不决——寻求治疗师的帮助以获得或恢复这些能力,治疗师应该让自己成为病人投射性认同的接受者。

这种关于治疗师在非体验阶段的作用的观点是基于一个只能通过回顾来确认的假设:非体验阶段不是一个完全呆滞的阶段,而是代表着在相互冲突的愿望之间的斗争中达成的一种有改变可能性的平衡。在第一阶段，力量之间的平衡以压倒性的优势倒向一边——对现实的憎恨和对非体验的渴望——显得根本没有发生。病人最终可能注意到并对治疗框架做出反应（正如将会在第二阶段所描述的），这一事实表明，第一阶段的体验能力的"关闭"不可能是彻底的。体验能力的核心（包括创造和维持一种近似非体验状态所涉及的意义和愿望）仍然隐约存在着，而且伪装得很深，以至于在第一阶段内看不出来。

　　在努力为病人创造敢于体验和思考的条件时，治疗师必须确定，他本人没有以下列任何一种方式攻击治疗设置中的思考潜力：（1）通过迟到、改变预约时间、取消治疗会面等方式攻击治疗框架的稳定性、安全性和可靠性；（2）通过否认非体验领域，例如，通过解释非体验领域的意义；（3）通过行动试图强迫患者摆脱非体验状态，例如，通过将治疗局限于努力使患者"表现得体"，把鼓励当成一种缓解紧张的形式，而不是促进患者思考的发展；（4）通过允许自己的无意识敌意和对病人无意义状态的恐惧上演，这一上演是通过参与"积极"治疗来实现的，在这种治疗中，尽管解释是部分准确的，但是带有敌意（"你害怕生活，什么也不做，只是躲着它"），或者坚持要求病人进行他没有能力做出的思考（例如，坚持询问病人的感受，或者他为什么做他正在做的事情，而回答这些问题需要能够进行因果思考和分辨情感体验）。

　　前面提到过，虽然非体验阶段给人的印象是一个非动态的、非冲突性的领域，但从回顾中得到的证据表明，情况并非如此。当治疗师能够克制自己不参与对思考和体验的攻击，并已准备好开放地接受病人的投射性认同，如果它们发生，病人可能开始试探性地、非常犹豫地尝试进入体验的领域。在这些最初的尝试中，冲突首次变得明显，构成了最早的投射性认同。

投射性认同阶段

在第四个月的治疗结束时，菲尔已经能够在不用提醒的情况下准时参加他的常规治疗。在第八个月，他开始几乎每次治疗都迟到，甚至完全错过治疗，在错误的日子正确的时间到达，或在预约的治疗时间结束后才到达，等等。他总是有一个借口："我把我的日程表弄丢了"或"我睡着了，忘了设置闹钟。"治疗师对这些空洞的借口感到恼火，但无法理解这些改变了的行为。难以在预约时间内的准时到达的情况持续了几个月，由于医生预测到病人会迟到，所以医生也会晚几分钟到。这通常是"无关紧要的"，因为病人通常不知道治疗师迟到，因为他来得更晚（如果来的话）。偶尔也会有病人准时到达，而治疗师迟到的情况。在这种情况下，治疗师会想象菲尔是如此"心不在焉"，以至于他不会注意到自己的迟到，以此来安慰自己。

在此期间，菲尔开始了一种互动形式，他会盯着治疗师，复制他的每一个字和动作——他的姿势、手和腿放置的位置、面部表情、语调和语气——他会重复治疗师说的一切。这种情况出现在日常治疗的部分或全部时间，且持续了几个星期。这样做的效果是治疗师非常不舒服，并且意识到治疗师自己、对病人所说的话和治疗师定位自己的方式都不自然。治疗师觉得自己的身体和语言都痛苦而脆弱地暴露出来，在某种程度上被病人征服和控制住了。菲尔对治疗师的每一个动作和每句话的复制，其效果是剥夺了他对自己的身体动作和语言符号被体验的能力，以及它们传达意义的潜力。相反,治疗师把它们看作与他远程连接的外来实体,几乎就像一个人用自己的手操作一组大而笨拙的机械手一样。病人行为中强烈的敌意使治疗师惊呆了,这进一步加剧了治疗师重建平衡的困难。治疗师感到与他自己疏远了,剥夺了他思考和观察的心理空间感。

刚刚展示的临床资料代表了精神分裂症患者首次进入体验领域时所具有的特征,即矛盾的投射性认同。病人允许自己通过迟到和错过治疗来攻击治疗框架来给治疗师和治疗框架赋予意义。在这个阶段,病人对它和它的意义的攻击表明,有些东西已经被体验到了。病人的投射性认同使治疗师产生一种感觉,认为治疗及其基本规则毫无意义,感觉迟到和准时是等同的,治疗毫不重要。在这种情况下,治疗师没有成功地加工投射性认同。他没有容纳病人的愤怒和无意义感,而是通过治疗时迟到将激起的感受行动化。这对病人来说是一种确认:治疗师也认为什么都不重要,并且应该愤怒地攻击思考的潜力(治疗的框架)。

在这些围绕着迟到的互动中,对治疗师的模仿可以理解为一种"暴力"的投射性认同。暴力投射性认同一词在这里指的是一种投射性认同,其中:(1)投射者的感觉是如此强烈和痛苦,以至于他感觉它是强烈自我毁灭性的;(2)投射者幻想着他用他自己排出的部分无情地和毁灭性地侵入接受者;(3)对接受者施加的人际压力是如此强烈,以至于涉及极端(往往是创伤性的)人际入侵——一种强烈的侵犯方式。在通过模仿攻击治疗师的投射性认同中,病人不仅试图摆脱自己的了无生气和无意义感,而且还愤怒地将治疗师通过迟到对病人和治疗所做的攻击还给治疗师。

这种暴力投射性认同是第二阶段早期的典型特征,因为它几乎在同等程度上涉及病人摧毁自己和治疗师的体验和思考能力的愿望,以及利用治疗师创造可供思考的体验的愿望。在所描述的投射性认同中,治疗师对他自己的身体、语言的思考和体验能力受到了恶意攻击。此外,和所有其他投射性认同一样,这在一定程度上代表了一种排出自己某个方面的努力,而不是去体验、忍受,并思考它。另一方面,在这些投射性认同过程中,在治疗师身上诱导出一组一致的感受的行为,也是为了努力向治疗师传达一组无法忍受的感觉(无意义的和有敌意的),从而让治疗师加工这些感觉,并以一种可以被思考和忍受的形式提供给病人。

这些投射性认同中所涉及的客体关联性的形式与第一阶段中所看到的完全不同。第二阶段里的治疗师被看作一个部分分离的客体,自体的一部分可以在他身上来回转移。治疗师被认为是对病人非体验的愿望的严重威胁。由于这个原因,治疗师的思考能力受到了愤怒的攻击。同时,治疗师被认为是自体不可容忍方面的宝贵容器。这些都是第一阶段的病人无法体验到的。第二阶段的投射性认同不仅反映了病人更大的体验和客体关联能力,而且还反映了形成投射性幻想和内射性幻想所需要的足够多的思想联结的能力。

第二阶段开始时的投射性认同几乎专门处理的是病人对无意义和非体验的矛盾愿望和感受。在第一阶段,在没有觉察到的情况下存在无意义和非体验的情况;在第二阶段,有对无意义的觉察,但是这一觉察是如此痛苦,以至于它被立即以投射性认同的形式排出。

在第二阶段,投射性认同是主要的防御,最初是针对内在无意义的感受,后来针对的是以前无法忍受的感受、感知和想法,导致精神分裂症患者攻击自己的体验和思考能力。第二阶段精神分裂症性冲突中的力量平衡已转向对体验和思考的愿望这一边,因此精神分裂症患者现在敢于将感知转化为体验,以便能够发生某种形式的幻想活动和对客体赋予意义。然而,不去体验的愿望继续被上演:正在体验的东西立即以暴力投射性认同的形式被排出。

在这个阶段,治疗精神分裂症患者所涉及的情绪压力在很大程度上是这些投射性认同引发的对思考的猛烈攻击造成的。例如,一名15岁的精神分裂症患者在每次治疗中都持续地向治疗师提出数百个患者已经知道答案的问题,"以确保治疗师在听"。然而,这种连珠炮似的提问恰恰产生了相反的效果。这位治疗师发现自己无法思考或倾听任何东西,因为他所有的精力都被用来保护自己不受毫无意义问题的冲击。另一位病人一次又一次地重复同一个要求,其效果与刚才描述的相似。在团体治疗的背景下,第二阶段的攻击针对的是团体作为让思考可以发生的设置的能力。这可以采取不同的形式,如震耳欲聋地用木头做的东西敲击椅子腿,在团体讨论中大声朗读一本书,通过无休止地违反团体规则妨碍团体进行任何形式的讨论,等等。有时,第二阶段的精神分裂症患者破坏团体思考潜力的需要和能力似乎是无限的。

对于比菲尔更加健谈的病人来说,第二阶段早期的特征往往是对最近的经历和历史资料进行极其枯燥、重复的叙述。任何时候,只要有思考的潜力,就会使用精神分析式的陈腐说法。治疗师因治疗的单调而感到痛苦。所有这些都代表了病人对无意义的、贫瘠的内在状态的最初体验的一种投射性认同。

通过治疗师对病人的投射性认同的加工,病人能够体验到稍微广泛一点的感受。这些新的感受反过来又被进一步投射性认同处理。对菲尔来说,这涉及对他的思想的残忍性和全能性的恐惧,对被别人的思想攻击的恐惧,以及他关于治疗师把他的生命依靠在菲尔身上的恐惧和愿望(第二章、第三章和第六章讨论了这种类型的投射性认同的临床表现)。在第二阶段的后半部分,投射性认同不那么强烈地充满矛盾,其特点是更努力地交流无法忍受的感受,以及企图摧毁接受者的思考能力的事情减少。

精神病性体验阶段[1]

在治疗的第二年,菲尔经历了长时间痛苦的欲言又止。他会看着治疗师,好像在挣扎着说什么,然后停下来,然后又表现出要说话的样子,最后,在失败的情况下,他坐回椅子上,或者静静地躺在地板上。看到菲尔痛苦的样子,治疗师很难受。当菲尔欲言又止的时候,治疗师有时会重复菲尔之前说过的话:"很难去思考。"通常,菲尔会开始一个新话题,然而说一半就又停下来。当被问到他要说什么时,菲尔说他不知道,不久就会记不起来他说过什么。

1　精神病这一术语用来指一种心理混乱状态,在这种状态中,自我边界变得模糊,自我功能被扰乱,尤其是在整合和现实检验领域的自我功能,以及原始过程思考占据主导。精神分裂症这一概念指的是一种人格系统的类型,这一人格系统带有一种特征形式的组织和发展;另一方面,精神病是对一种心理状态的概念化,这种心理状态在一定条件下,可以在任何类型的人格系统中看到。

在其他时候,菲尔似乎很害怕,不知所措并且困惑。在困惑的时候,菲尔不知道他在医院待了多长时间,不知道刚才和谁在一起,不知道他应该在哪里,也不知道他听到的是真的还是他想象出来的。他觉得,任何笑声都是对他的嘲弄,有人或"有股力量"要杀死他,或希望他自杀,每个人都能读懂他的心思。他说他迫切地想要能够说话、思考和记忆,但却不能,这使他非常害怕。

在治疗师为期三周的暑假前一周,菲尔第一次出现了幻听,但他听不出是谁的声音,也听不懂他们说的是什么,因为声音听起来乱糟糟的,"它们就像被绞肉机碾碎了一样"。当治疗师不在的时候,病人几乎完全沉默了,在病房的走廊里走来走去,一走就是几个小时。当治疗师回来时,菲尔很快就不那么困惑了,不再产生幻觉,但无法描述他所经历的一切,只能说这是一段"可怕的时间",在这段时间里,他感到非常困惑,听到了一些声音,而且不知道自己身上发生了什么。

接下来的几个月,在部分或全部的治疗时间里,菲尔都静静地躺在地板上。然后,他开始在治疗会谈期间吸烟,并把他的湿手放进烟灰缸里,抓一把烟灰吞下去。治疗师被这件事吓了一跳,问菲尔他在做什么。菲尔说他不知道吸烟的时候到底发生了什么,他觉得,他已经烧掉并弹进烟灰缸里的他身体的任何一个部分都可能很重要。他认为他应该吃烟灰,这样他就能把烟灰重新组合成以前的样子,然后把它们放回到身体应有的位置上。

此后不久,菲尔几个星期里什么也没说,尽管他显得心事重重。在这些治疗进程中,他常常哈哈大笑,但当被问到他在笑什么时,他说他不知道,也不记得了。菲尔说,当他认为治疗师说了什么的时候,他有时会笑,但他立刻忘记了治疗师说的是什么。他说他很喜欢笑,但是一旦他忘记了他在笑什么,他就讨厌他这种无缘无故地笑的感觉。

在治疗师第二次休假前(几乎在第一次休假一年之后),病人用拳头猛击他的椅子,然后说:"我知道你读过很多书(指向治疗师的书柜),而且你对精神病学有很多了解,但是……"这时,菲尔默不作声,挣扎了十五分钟才开口说话。然后,他忘记了他刚才想说的话。很明显,这句话的结尾可能是这样的:"但你一点也不了解我,更不关心我!"欲言又止越来越局限于这种情况,在这种情况下,要表达的想法通常带有极其强烈的情感,通常是有敌意的。

第三阶段的特点是精神分裂症患者对其思想和感受的攻击,主要是通过欲言又止和破碎化,但也有投射、内射和怪异的扭曲。菲尔的欲言又止代表了一项成就,因为他开始有了一些想法,而这些想法并不需要立即被投射并由另外一个人通过投射性认同进行加工。然而,欲言又止也代表了仍然有强大的未完成的心结(被上演了),也在摧毁他自己的思考和体验能力。

通过在第二阶段中经历对他的投射性认同的成功容纳,精神分裂症性冲突中的力量平衡已进一步转向希望忍受与体验感知以及由此产生的思想和感受的这一边。然而,最初导致菲尔攻击他的感知、感受和思考能力的体验的许多方面仍然令人恐惧。由于第三阶段所采用的象征类型主要是象征性等式(Segal,1957),其中的象征(烟灰)被视为与它所代表的事物(身体的一个有价值的部分)相同,因此思想和感受具有一种生动和直接的性质,即它们是自己体内的事物和客体。

心理过程被认为是在身体上处理这些客体的方法。例如，菲尔把烟灰放进烟灰缸代表了投射的具体化，是对幻想中排出他自己的一部分的一种上演。

　　在刚刚呈现的临床资料中，菲尔可以被看成更广泛地容纳了他的感知、想法和感受。这反映在他有能力体验非常痛苦和可怕的想法，例如人们希望他死，试图杀死他，并在假期前感受到失落。在第二阶段，可能会在其他人身上产生诱发类似的感受，而菲尔不会因为拥有这些感受而更加痛苦。然而，精神分裂症性的、对痛苦体验的反应方式——攻击自己的心理功能——仍然存在，表现在菲尔的感知和想法的碎片化，以及他投射，然后再内射这些碎片。菲尔的幻听被体验为"碾碎在绞肉机中"，可以理解为反映了所投射的碎片化的想法和感受的具体表征。分裂、投射、内射和对表征的极端扭曲的过程的过度增长是心理碎片化的过程的媒介。这种碎片化的结果是创造了一个内部和外部的世界，充满了具体化的想法和感受的怪异扭曲（比昂的"怪异客体"，1956）残余物（"烟灰"）。当想法和感受特别痛苦时，就像治疗师第一个暑假之前那样，对思考过程的攻击就会升级为持续数周的困惑状态。对感知运作的攻击（作为对体验能力的攻击的一部分）的典型表现形式是对现实检验能力的破坏，包括确认自己的位置（特别是时间和人），区分幻想和真实，以及将感知要素组织成一个整体的能力。

　　正如临床材料所反映的那样，第三阶段的后半部分是一个过渡时期，在此期间病人的精神病性体验仍在继续，此外，有证据表明病人开始有能力观察和使用语言来表征、组织、思考和交流精神病性体验。这表现在菲尔有能力组织并用语言表达他的幻想，即吸烟涉及燃烧和丧失他自己的一部分,他希望通过吞下烟灰来恢复这一部分。这一治疗的过渡阶段在病人思考和交谈能力的发展中像一座里程碑一样突出。

第三阶段的客体关联性的性质与第二阶段有很大的不同。在这里,治疗师是被重视的,不仅仅是作为菲尔的投射性认同的一个部分分离的容器,而且越来越作为一个独立的人,病人害怕失去他,并在很小程度上对丧失进行哀悼。治疗师的感受也与第二阶段不同。现在,治疗师有空间对病人做出共情的反应,而不是由于病人的投射性认同中所牵涉的人际互动而强加给他一些感受。这并不是说,在第三阶段,投射性认同不再是一种常见和重要的互动模式;更确切地说,第三阶段代表着一个心理-人际领域,在这一领域中,共情与接受者在投射性认同过程中所参与的认同变得同等重要。第三阶段的治疗关系在许多方面都类似于温尼科特(1958)所描述的一个发展阶段中的母子关系,在这一发展阶段,儿童在母亲在场的情况下学会独自游戏。在第三阶段,病人在治疗师面前努力容纳自己的体验,逐渐减少对治疗师作为病人想法和感受的处理者的依赖。

在第三阶段,病人的感受状态比前几个阶段更公开地发生冲突(也就是说,精神分裂症性冲突中对立意愿双方的力量更平等)。这是促使病人更多地感觉到自己有生气和"人性"的原因之一。此外,精神分裂症性冲突的焦点已从体验与非体验问题(在第一阶段占主导地位,在第二阶段占主导地位但是程度要低一些)转换到了思考与非思考问题。即使在第三阶段的碎片化思维阶段,例如,在困惑状态下,体验的能力仍然保留着(菲尔将治疗师休假记成是"可怕的时刻")。

乍看之下,在精神分裂症性冲突的解决中,在很晚的阶段才出现了一段突出的精神病性体验和症状,这似乎是自相矛盾的。临床上,人们经常发现,为了顺应无意识投射性幻想,会有一个相当长时间而且相对安静的人际压力未得到承认的时期,但是被精神病症状和精神病性体验的出现所打断。治疗师常常会因为工作中这种表面上的挫折而感到灰心丧气。在住院治疗的情况下,医院工作人员和病人家属在这一点上往往会施加压力,要求开抗精神病药物。然而,本章的视角应该能帮助治疗师明白,治疗中表面的挫折应该更准确地被概念化为一种进步:病人正试图体验他所感知到的东西,而不像第一阶段那样破坏他的体验能力,也不会像第二阶段那样立即把他的想法和感受在人际排出。他正试图忍受他的感知、体验和原始思维,但只能在幻想和行动中,通过欲言又止、碎片化和怪异地扭曲所体验的东西来做到这一点。如果没有采用药物治疗,病人通常比以前更加有活力,更容易接受治疗,即使是在精神病表现突出的时候也是如此。第三阶段的病人会将治疗师看作一个可以帮助他摆脱可怕体验的人,而不是一个可以将不想要的部分扔到里面的容器。

这里必须要加上注意事项。在第二阶段成功地容纳了病人的投射性认同的治疗师,会感觉到病人容纳自己想法和感受的能力在增长。这位病人,在第三阶段扩大了他的体验能力,模糊地认识到自己是他可怕的感受和想法的创造者和容器。这一事态发展可能导致自我毁灭的尝试,并可能采取果断的,往往会以企图自杀的形式,或在投射占主导时对他人进行暴力攻击的形式。自杀或暴力攻击往往是意料之外的,因为治疗师有理由感到病人正在好转,而在一个重要的意义上病人确实在好转。在这一阶段的治疗中,在扼杀病人体验的机会与冒险让病人被他的体验淹没然后采取暴力或自杀行动作为结束这种体验的一种方式之间，很难进行区分。

象征性思维阶段

在治疗的第二年快结束时，菲尔经历了欲言又止、幻听、偏执和夸大意念以及困惑状态的减少。他重新感觉到治疗早期阶段的相对平静。他似乎并没有像他症状严重时那样与自己做斗争。有一种感觉是，如果菲尔愿意的话，他现在能够更多地注意外部世界，尽管他似乎很不愿意做出这样的选择。在治疗过程中，菲尔经常躺在地板上什么也不说，并表现出不耐烦的样子来结束治疗。有时，他会表现出对某事的全神贯注或焦虑，当被问到这件事时，他会说他不想谈论它。有一次他说："这太私密了……神圣的……我不知道……我只是决定不谈这件事。"菲尔现在似乎第一次有了选择，除了不谈论自己的感受之外，他还经常选择不去思考自己的感受。

在这一阶段，治疗采取了一种明确的模式。在偶尔几次治疗中，菲尔能够以一种全新的方式思考，但这些治疗之后会有几周或几个月懒散的沉默，或者是精神病症状的强化。在以出现新的思维方式为特点的治疗会谈中，菲尔不仅能思考，而且能观察自己在思考。事实上，在开始的时候，他思考的主题是他自己的想法。当他想到某件事时，他和治疗师都感到惊讶，有时也感到兴奋，因为他思考的方式反映了这样一个事实，即想法可以用来理解体验，而不是简单地被视为危险的东西，要么被排出，要么被切碎。然而，他最初的思考表达了他对他的想法的危险性的恐惧。他说自己又笨又蠢又弱智，还说："如果我走在街上，有什么想法的话,就会有人用拳头来打我的脸。"治疗师将此理解为象征了菲尔对攻击自己思考能力的愿望的矛盾感受。在同一次治疗的晚些时候,菲尔清楚地想到了他在成为一个男人的过程中将要放弃的东西,以及他将不得不与之斗争的责任和人际问题。他的结论是:"长大只是在找麻烦。"

菲尔新的象征能力也反映在某些类型的游戏中,它们在这个时候第一次出现。在一次治疗中,菲尔用手指指着治疗师,假装他的手是一把枪,并命令道:"举起手来。"治疗师举起了手。菲尔命令道:"什么都不要说,甚至什么都不要想。我是说永远!"菲尔早些时候通过第二阶段描述的暴力的、模仿的投射性认同所表达的东西,现在可以在言语和戏剧性的游戏中象征性地呈现出来。在这两种情况下,他都在试图处理对一种没有想法、没有言语的内在状态的感知或记忆,并希望通过将其强塞给治疗师来摆脱这种状态。在第四阶段,非语言阶段的体验可以用语言象征和戏剧性游戏象征的方式被重新加工。

菲尔试图在他自己和治疗师那里掩饰他正在形成的象征性思维能力。在"清醒的"治疗会谈之后的长时间懒散有一种夸张的感受,而不是像以前那样是一种原始的感受。菲尔躺在治疗室地板上时放的屁产生了一种幽默的效果,可以拿来开玩笑。在其中一次治疗中,治疗师说:"我认为你正在努力说服我你很愚蠢。"菲尔接着问:"愚蠢是什么意思?"在某种程度上,菲尔是在问,当一个人不能思考时,他是什么意思,但首先,他是"半故意地"(Erikson,1978)说他是如此愚蠢以至于他甚至不知道这个词的意思,从而超越了他自己。

菲尔的谈话和行为表明,他是以一种不同的方式注意到事物,而他所注意到的主要是他自己以及他与其他人的关系。菲尔开始对治疗师穿的新衣服发表评论,并在注意到治疗师有古铜色的皮肤后,不辞劳苦地去晒日光浴。他为其他病人假扮治疗师。但最为重要的是,菲尔间接地表示,他将自己谈话能力、思考能力和游戏能力的提高,体验为是让自己变得像治疗师。

当菲尔开始谈论和思考他的想法和幻想——在这个阶段的早些时候它们是保密的——的时候,经常会采用让他刚才所说的意思消失的方式。例如,他在一次治疗中说,他花了大量时间想象自己是肯尼迪航天中心一位专横的主任。然后,他一遍又一遍地以单调的方式重复着这个想法。这种重复的效果是把这个想法降低到一系列没有意义的声音的水平,就像一个人一遍又一遍地重复任意一个词以让它的意义消失一样。在其他时候,菲尔会介绍一个想法,然后就不再多说了。如果治疗师询问这个想法,菲尔就会表现得好像他从来没有说过一样。菲尔常常会说些什么,但后来对其详细阐述直到荒谬的地步,以至于最初的想法几乎完全丢失了。当然,单调的重复、对想法的否认、荒诞的阐释本身都是有意义的,但这些新的意义的作用却是使原来的想法失去意义。

当菲尔能够思考和回忆他的体验时,在面对许多失败时他开始觉得自己没用并且有挫败感。尤其令他感到绝望的是,对于他想做什么,他想怎样生活,他想成为什么样的人,他没有任何想法。他谈到,如果大脑被"压碎",医生们是没有办法帮助一个人的,因为"他们不知道大脑应该想些什么,即使他们能把它放在一起。"在这里,菲尔用言语象征来表达他的观点,即治疗在某种程度上将他放在了一起,但如果他不知道该怎么想,那会是一场空洞的胜利。

没有内容的形式这一主题在治疗的这一阶段中出现并且再现。菲尔谈到,当人们似乎对彼此没有任何感情时,他怎么也不理解人们如何能保持多年的婚姻关系。在其中的一次治疗中,菲尔谈到了他难以思考的问题:"我感觉被困住了。我可以忽视我想成为什么样的人的问题并将它抛到脑后。但那是懦弱和愚蠢,并且不负责任的。或者我可以让自己面对问题,但当我确实面对问题时,我却不知道答案。"治疗师把这理解为菲尔在通过否认来回避一个想法(通过抑制或压抑它)。菲尔很清楚,想法是可以被忽视的,但在这个过程中,想法本身和它所代表的现实都没有被抹杀或改变。菲尔也敏锐地意识到,让自己觉察不到自己的想法是一种自我强加的限制和停滞,在某种意义上是有用的,但在另一种意义上是危险的。

病人使用言语象征的能力和先前描述中反映的客体关联程度是极其脆弱的,很容易受到内部和外部事件的干扰。例如,与治疗师分离,治疗师这一方的错误,想象中治疗师的背叛(通过与新病人开始治疗)都是在不同的时间点上退行到以前处理精神分裂症性冲突水平的诱因。混乱的幻听、欲言又止、偏执和夸大思维、妄想和困惑状态(第三阶段)经常发生,几乎完全依赖投射性认同作为一种防御、交流模式,这种情况在与客体关联阶段(第二阶段)也经常发生。然而,没有证据表明重新出现了一种客体可以互换的心理状态(第一阶段)。

在菲尔使用言语象征的能力相对稳定的一段时间里,他回顾了他的治疗过程:"我现在可以思考了。我以前做不到。现在我能思考了,我就知道我一直在想什么了。"这里隐含着对三类不同心理状态的描述。在第一类中,他根本不会思考("我以前无法思考")。这相当于第一阶段。在第二类中,他觉得自己有一些想法,但却不能思考它们,把它们联结起来,或者意识到它们。这相当于第二和第三阶段。在第三类中,他可以有想法,可以去思考它们。这相当于第四阶段。

讨　论

本章所提供的精神分裂症性冲突理论与大多数精神病理学的精神分析表述相似,因为它提出了一个观点——一个人试图处理几组不同的感知、想法和感受,这些感知、想法和感受是有意义的,但感觉是如此不相容并且相互不可调和,以至于一组或多组意义必须被改变、置换、伪装、否认、从意识中去除、与情感分离,等等。

然而,这一章所呈现的精神分裂症性冲突理论超越了这一点,因为它提出精神分裂症患者处理他的想法、感受和感知的防御努力是可以被耗尽的。当这种情况发生时,冲突的范围从相互之间重新排列意义,转变为以创造和处理意义(感知、创造体验和思考的过程)的整个系统为中心。精神分裂症患者无意识地攻击他的想法、感受和感知,它们被认为是无法控制的痛苦和无法解决的冲突的无尽根源。此外,他还攻击了自己创造更多痛苦体验的能力。这一理论的一些方面为具体化和拟人化思维提供了巨大的潜力,可能会将这一理论降低到一个吸引人的隐喻的水平。然而,如果我们清楚地知道,当我们说精神分裂症患者攻击他自己的思考和感知能力以及他确实体验到的想法和感受时我们所谈论的是什么,就不是这种情况了。

当我说精神分裂症患者攻击他自己的思考和感知能力时，我指的不是对一个客体的物理攻击，因为想法、感受和感知是心理现象，而不是物理客体。更确切地说，我指的是这样一个事实：一个人可以无意识地阻止自己将注意力转向刺激（内部的和外部的），禁止自己组织自己的感知，并防止将感觉和意义归因于感知印象。[1]当一个人继续以这种方式限制自己时，不允许记忆、组织和思考潜在的体验，而这些潜在体验本可以发展一种能力，这种能力让他可以更成熟地生活在自己的看法、想法和感受中。结果，适龄的体验永远丧失了，而这是心理成长的营养。形成了一种表面上呆滞但实际上动态的、极端心理受限的状态，我称之为近似非体验状态。与维持这种状态有关的冲突是精神分裂症性冲突的核心。在解决精神分裂症性冲突的过程中，病人逐渐允许赋予他的感知更多的意义。然而，精神分裂症患者几乎立即恢复了他对体验和想法的禁止，通过将想法从人际关系中（第二阶段）排出，通过欲言又止、碎片化和扭曲思维（第三阶段），后来又通过剥去象征思考的意义（第四阶段）。

精神分裂症性冲突理论的第二个方面是所涉及的幻想活动的性质。在对精神分裂症性冲突解决阶段的讨论中，想法和感受被描述为被排出

1　有可能在某些情况下，这一无意识的自我限制也许会加剧一种体质上的限制，例如，产生心理表征能力的限制（London，1973a，1973b），或者原始的、自主性自我功能的遗传缺陷（Hartmann，1953）。处理这一问题，即这些类型的先天心理缺陷的相对贡献，心理限制也许是对早年创伤体验的一种反应，或者这些限制是对体质缺陷，比如对刺激屏障（stimulus barrier）不足的一种心理反应（Grotstein，1977a，1977b），已经超出了这一章的范围。在这一章中提出的精神分裂症性冲突是一种第二级现象，它可能是由这些类型的病因中的一个或者多个的组合所导致的。

(第二阶段)、碎片化(第三阶段),或被剥夺(第四阶段)。这些构想在一定程度上反映了病人对自己心理体验的幻想。例如,人际排除不可接受的想法或自我的部分看法代表了投射性认同的投射性幻想成分。自我的一个方面在幻想中被放入了另一个人身上,然而,除了这个幻想之外,还有一个现实的人际互动,这一互动允许与自己类似的感觉得到另一个人的体验和处理。同样地,在第三和第四阶段,有碎片化的幻想("磨碎"的幻听,自体的烧焦部分)和被剥夺(没有想法的空空大脑和没有爱的空虚婚姻的意象,那里只剩下形式)。然而,就像投射性认同一样,这些幻想也伴随着活动。

如本章所述,精神分裂症性冲突中所包含的幻想既包括感受、愿望和想法的象征性表征,也包括导致超出象征的变化的一系列相关行动(前文所述的自体限制行为)。具体来说,是自体(或用谢弗的术语来说是"人",1976)中有一些变化,而不是自体表征上的变化。一个人的感知、体验和思考的能力被改变了,而不仅仅是他自己的感知、体验和思考的表征。

同一类幻想参与投射性认同,这个过程中的投射性幻想与一种超越表征的行动联系在一起,在这种行动中,人际压力被用来施加在一个真实的外部客体上,而不仅仅是对那个外部客体的心理表征产生影响。这些幻想被称为现实化幻想,以便明确地表示它们与一种超越象征、表征领域的现实化之间的联系。在投射性认同的情况下,相关的一系列行为发生在客体关系的人际范围内;在精神分裂症性冲突的情况下,伴随幻想成分的现实化发生在人产生体验和想法的能力范围内。

如前所述,精神分析理论所包含的概念很少能帮助我们将内心领域中的现象(想法、感受和幻想)与人际领域中的现象(与真实的外部客体的客体关系,而不是客体的心理表征)联系起来。投射性认同就是这样的桥接概念之一。同样地,也缺乏有助于概念化心理表征领域(例如,想法和幻想、自体和客体表征)与思考和体验这些想法、感受和幻想的人之间关系的精神分析表述。人——包括他感知、体验和思考的能力——不是一个幻想,存在于这些帮助创造心理领域的能力之外。他体验和思考的能力存在于与他自己的想法、感受、表征和幻想的互动中。

想法、感受、感知和体验都是结构或产物。就像所有的产物一样,必须有一个生产者。在心理领域中,产物(想法、感受、幻想等)的存在与思考者及其感受和思考的能力(与思考者的表征形成对照)有关。这种关系的性质是理解本论文所概念化的精神分裂症性冲突的核心,并由现实化幻想的概念来处理。

到目前为止,现实化幻想的概念,虽然没有被如此表述,但一直在被使用,主要是用于投射性认同的概念中,以提供一种思考内在心理领域和人际领域的交界面的方法。本章将精神分裂症性冲突概念化为涉及一个幻想成分(冲突的愿望,关于在幻想中所代表的想法的破坏)与一个表征范围之外,对一个人体验和思考能力的现实限制之间的联合。在这些术语中对精神分裂症性冲突的概念化,代表着对现实化幻想概念处理心理意义领域(包括愿望、动机、感受、幻想、冲动等)与人产生心理意义的能力领域之间的关系的用途的一种延伸。

总　结

精神分裂症被认为是一种精神病,其特点是在希望维持一种意义可以存在的心理状态,与希望摧毁所有的意义和想法以及创造体验和思考的能力之间的激烈冲突。此外,后一套愿望上演了,其形式是对这些能力的现实攻击。精神分裂症性冲突与神经症性冲突的不同之处在于,后者涉及感觉不相容的几组共存的意义之间的紧张关系,而前者涉及意义与对意义的攻击之间的冲突。

在精神分裂症中,处理意义的防御努力可能会耗尽,当这种情况发生时,冲突从心理表征和意义的范围转移到人产生这种意义的能力的范围。精神分裂症性冲突的解决尝试分为四个阶段,即非体验阶段、投射性认同阶段、精神病体验阶段和象征性思维阶段。在每个阶段中,在希望允许意义和思考存在和希望破坏所有意义之间会达成不同的平衡。此外,每个阶段的特点是在心理表征领域之外有一种特定形式的上演,通过这种上演,精神分裂症患者无意识地限制了他自己的感知、体验和思考能力。

这里提出的精神分裂症性冲突理论试图处理心理意义和表征(想法、动机和幻想)领域与创造意义和表征的能力领域之间的交界面。现实化幻想的概念被引入,以形成开发一种桥接性表述,来处理这些不同领域的现象之间的相互作用。

第八章　精神病性非体验状态的治疗

　　精神分裂症患者在心理表征领域内管理情感的能力经常被耗尽，然后这些患者会求助于一些心理方法，以超越心理表征范围的原始和病理模式来处理他们的想法和感受。正是这些心理模式——被阻挡的情感内容的实现类型——将成为本章的重点。本章将提供案例材料，以探索心理表征的实现方式，包括人际和个人内心的，即这些事件是如何被上演、活现和实现的，其中既涉及其他人又涉及病人自身的心理能力。随着临床资料的呈现，解释的内容和时机以及治疗师加工临床资料的其他方式的基本原理将根据人际和个人内部实现的框架加以阐述。此外，在这个框架内，移情和阻抗的概念将得到扩展和阐述。

实现的概念

　　心理表征的领域是由想法、感受、幻想、记忆、感知等组成的，通常是分散、尚不完备和古老的形式。这些想法、感受等是围绕一组充满情感的自体和客体表征组织起来的,它们构成了有意识和无意识体验的领域。

心理生活的非表征方面,即心理能力的领域,在弗洛伊德的结构理论中被称为"本我""自我""超我"功能和心理结构。这个领域包括感知能力、记忆能力、赋予感知以意义的能力,去创造、维持和加工想法和感受的能力,它独立于心理表征领域而存在,但与之直接相关。事实上,这一领域产生了表征领域的想法、感受等。

除了心理能力和心理表征的领域,第三个要考虑的领域是存在于自身之外的人(相对于一个人对其他人的心理表征)。尽管其他人可以在精神表征领域内被表征,但他们同时也独立存在于精神表征领域之外[1]。

有时是有意的,但更多时候是无意的,心理表征的领域被许多分析师认为是唯一适合精神分析概念化的现实(Benedek,1973;Ornston,1978)。由于几乎只强调内心领域内的防御转变,精神分析理论只形成了很少的概念来研究上述现实领域之间的相互作用。

例如,认同的概念是根据一个人的自体表征的修正与一个人的动机和行为模式的转变有联系而加以表述的(Schafer,1968),它只处理内心领域。这类表述没有提供一个框架来概念化这一过程对接受者的影响或接受者的个性对认同过程的影响。对于投射的概念也是如此,传统上

---

1 心理表征领域与一个人生理能力(现实的第四个领域)领域之间的关系在本章要考查的范围之外。.

是通过否认自己的一个方面,并将被否认的品质归属于外部客体表征来表述这个概念的。

本章的前提是,如果内心和人际领域以及心理能力领域分别处理,就无法充分理解治疗精神分裂症所涉及的许多临床现象。相反,这些领域之间的动态相互作用必须得到处理和概念化。投射性认同是完成这一任务的少数几个精神分析概念之一。

虽然投射完全可以用意识和无意识心理表征领域内的转变来描述,但投射性认同只能用两个分开的相互关联的人格系统的心理学来描述。一个人的投射性幻想并不仅仅是那个人的表征领域的改变。在投射性认同中,有改变另一个人的努力,而不仅仅是一个人对另一个人的看法。这一心理–人际过程需要努力在人际现实领域中实现投射性幻想。

桑德勒(Sandler,1976a,1976b;Sandler & Sandler,1978)用实现一词来表示"使变成真的"或"在行动或事实中实现"。他认为,实现是一个过程,愿望的实现一般是通过这个过程发生的。特别是,他把梦看作幻觉的实现,其中对愿望的象征性表达被认为是真实的。在人际领域中,桑德勒讨论了角色实现,其中一个人无意识客体表征中所希望的角色是从另一个人那里诱导出来的,并在这个意义上成为现实。我自己对这个术语的使用也包括在行动或事实中实现的想法,但在几个重要的方面与桑德勒的不同。

我用实现一词具体指将表征领域的一个方面转变为存在于表征领域之外的一种形式,即在真实、他人的人际领域中一种想法、感受或幻想的上演,或一个人的心理或生理能力在非表征领域中的一种实现[1]。

以这种方式,实现的概念提供了一种统一的方法来处理表征领域与其他领域之间的相互作用。

在考虑是否有必要谈论想法和感受的表征领域与心理能力的非表征领域之间的相互作用时,应当铭记的是,表征性和非表征性领域之间的相互作用已成为心身医学领域中一种既定的思维模式。例如,各种想法和感受与胃黏膜分泌酸细胞的生理功能的相互影响已经在临床和实验上得到了证明(例如,Engel, Reichsman, & Segal, 1956;Kehoe & Ironside, 1963)。关于这些细胞的功能的幻想(或关于某种东西从内部吃掉或燃烧一个人)通常被作为次要的东西而得到阐述,但这不是表征和生理(非表征)领域之间相互作用的必要成分。在本论文中,人际实现(interpersonal actualization)一词将被用来指想法和感受与非表征的心理能力之间类似的相互作用。

1　我感觉,如果一个人像桑德勒一样,将心理表征,比如梦或者幻觉中的心理表征,说成是无意识愿望的实现,那么他就会遇到困难。梦和幻想表征,不管它们感觉有多真实,仍然是想法,在事实或者行为方面,并不比梦或者幻想所基于的想法(潜在的想法和感受)有更多的实现。因此我会限制术语实现的使用,仅指一种现象,其中存在着事件从心理表征领域转化到一个人的想法和感受之外的领域内的活动。桑德勒和我的工作的更深一层区别是,他没有提出心理表征的实现可能会以某种方式涉及一个人的心理能力领域。

非体验状态

在前一章中，我提出精神分裂症冲突的核心是希望维持一种意义可以存在的心理状态，与希望攻击和破坏所有意义并最终创造一个非体验领域这两者之间的冲突。后一组愿望是以无意识地自我限制创造体验和思考的能力的形式上演的。非体验，这是我从比昂的工作（1962b，1967）中衍生出来的一个概念，指的是未能赋予知觉以意义，留下没有体验过的原始感官资料[1]。这种关于是摧毁意义还是允许意义存在的冲突，可以在心理表征的领域内表现出来。然而，这里的中心点是，在精神分裂症性冲突中，存在一套破坏意义的愿望的实现，其形式是对一个人创造和保持体验和思考的能力进行攻击，即一个人在思考过程中赋予知觉意义和将思考联系起来的能力受限。

如果一个人模糊了愿望的符号化表征（桑德勒误导性地称之为符号化实现）与超越该领域的实施之间的区别，那么一个人的心理能力运作的非表征现实就会被修改，也就无法理解精神分裂症性冲突的本质。正如后面将会描述的那样，当想要破坏意义的愿望占主导时，客体是被感知到的，但几乎没有任何东西被体验到或被赋予情感意义。感知到的仍然是未消化的刺激、事物本身、没有意义的原始感官资料。当感知无法

1　弗洛伊德（1920）引入了类似的模型，当时他提议，心理被刺激创伤性地淹没被通过一种方式处理："大规模的……反投注，所有其他心理系统都被用尽，所以剩下的心理功能就瘫痪或者降低了"（p.30）。

被体验时,一个人就无法学习。

虽然我发现这种状态是精神分裂症退行过程中的常见现象,但它还没有得到充分的讨论,部分原因是缺乏阐述这种状态的概念框架。经常使用的贬义词"精神分裂症患者"意味着这种状态得到了识别,但并没有理解到慢性精神分裂症患者通常明显有一种心理上的惰性,这在本文中被称为"非体验状态"。最近,对治疗非常退行的病人的分析已经开始描述相关的状态。焦瓦基尼(Giovacchini, 1979, 1980)曾讨论过原始的、非概念的心理状态是"前心理状态的"(premental),更多的是生理上的而不是心理上的[1]。格林(Green, 1975, 1977)和唐内特(Donnet & Green, 1973)观察到一种惰性的精神病状态,他们称之为"空白精神病";格罗特斯坦(Grotstein, 1979)将类似的现象称为精神病的"隐形"或"不存在"状态。利夫顿(Lifton, 1979)使用"无生命的生命"一词,而 R.D.莱恩(R. D. Laing, 1959)引入了"活着的死亡"的概念来描述类似的精神分裂现象[2]。

将这种非体验状态理解为摧毁一个人的体验和思考能力的愿望的

---

1 焦瓦基尼(Giovacchini, 1980)将类似"活着的植物"的精神分裂状态看成是早年环境失败的一种反映,这一环境失败导致发展的前心理活动(pre-mentational)阶段的一种固着。当存在大量这种早期固着的时候,就会感觉到自我有严重的缺陷。与之相反,我将会不按照固着、退行和自我缺陷来讨论这一非体验状态,而是按照以下思路进行讨论:早期致病性互动导致一种自我扭曲,在这种扭曲中通常的防御会被耗尽,并被一种不同形式的防御取代,通过这种防御,所有的意义(甚至感知水平的意义)都被废止。

2 乔伊斯·麦克杜格尔(Joyce McDougall, 1974)从与身心失调者进行的精神分析工作中,提出了相关的发现。她感觉这些病人"排除"了心理领域中有意识和无意识的想法、感受和幻想,并将潜在的体验归入到身体及其"身心创造物"的领域。

实现,与将意义理解为被置于动态无意识中(通过压抑、分裂、否认、投射、置换等方式),这是一种相当不同的表述方式。后面的所有过程都是在心理表征和意义领域内意义的某种重新排列。被压抑的意义(想法和感受)被无意识地保持着,并以衍生的形式,在梦、口误、症状等中被体验到。另一方面,非体验状态意味着一个人创造和维持意义的能力实际上受到限制,而不仅仅是一种伪装或消除对自己已经创造并继续保持的意义的觉察,尽管是无意识这样做的。

从临床表现可以看出,这些表述方式在技术上的启示差异很大。如果一个人想象一组意义继续被病人无意识地保持和理解着,那么你就会致力于处理病人的阻抗,让他觉察到这些意义。然而,如果治疗师认为一组意义是不被允许存在的,那么他就会致力于处理病人限制自己体验和思考能力的需要。还应认识到,言语解释这一需要的价值将受到限制,直到这种对能力的限制得到充分的象征性表征为止。正如将要讨论的,当一个人试图将人际和个人内心实现的概念纳入临床思考时,他的移情和阻抗概念就会受到显著的影响。

案例报告

罗伯特19岁的时候,被送往一个长程精神分析取向的医院住院。从潜伏期开始,他就经历了一段时期的幻觉和偏执妄想,但他成功地保守住了这些秘密。他出生时患有先天性的视网膜退行性疾病(视网膜色素变性),但直到5岁时才被确诊。他12岁时,可以没有困难地阅读稍微放大的印刷字体。然而,到16岁时,他的大部分视力都丧失了。他只能看见非常大的物体,他把它们想象成模糊的形状,几乎没有任何轮廓和颜色。即使在失去视力之后,心理表征仍然主要是视觉上的。当他住院的时候,他不停地颤抖着,他的眼睛转到了眼窝的后面,只能看见灰白的巩膜。他正经历着数千只蜘蛛围绕在他周围的"视觉"幻觉,他感受其中一些蜘蛛进入了他的喉咙,从内部蜇他并令他窒息。

罗伯特是一个逐渐代谢失调的边缘型精神分裂症母亲的独子,他父亲在他出生后不久就在情感上从家庭事务中退出了。[1]病人的母亲有一种行为模式,那就是强烈地幻想自己有一种特殊形象,并在很长一段时间内保持这种形象,这样的生活可能会持续半年到很多年。然后,她会迅速摆脱自己所有的依恋,转向关于她自己的另一个概念,涉及新的一群人。在嫁给罗伯特的父亲之前,她曾经与一位游乐场跳伞员结婚,此后不久又嫁给了一位全国知名的理论物理学教授。第二次婚姻结束四年后,她与病人的父亲——一个非常成功的律师恋爱。与她第二任丈夫遭受的极度情感痛苦形成鲜明对比的是,她似乎很容易从一段婚姻转换到另一段婚姻。她似乎完全沉浸在某种生活方式中,然后突然改变她自己的生活方式。这并不是说前一个人被积极地拒绝了,而是他在她新的一套关系中找不到容身之地。这些关系或意义是一个精心设计的内部

---

1 治疗师与病人的父母,以及病人生活中的其他重要人物进行了密集的访谈。为了保密起见,有必要隐藏他个人历史各方面信息的特定来源。

幻想系统的产物,使罗伯特的母亲几乎与现实没有接触。有些人觉得病人的母亲极具吸引力,但是后来提到她的时候会带着怨恨,就好像她是一个巫婆,有着神奇的诱惑力,会用她的"法术"控制他们。

与罗伯特的父亲的婚姻是母亲对"郊区生活"幻想的一部分。他们在郊区买了一套房子和两辆汽车;她沉浸在当地女性的活动中,结婚一年半后生了一个孩子(罗伯特)。尽管很早就出现了因孩子咬破她的乳头所导致的喂奶的极度痛苦和间歇性感染,但她还是持续了一年多的母乳喂养。虽然罗伯特的父亲一贯对家事不管不问,但是在罗伯特出生之后,他更加难觅踪迹,几乎每天都要安排出差。病人的母亲努力成为一个"模范母亲",据报道,她精力充沛,几年来一直致力于这个任务。用她的话说,她"一心扑在婴儿身上",并试图满足他的每一个愿望。然而,在这段时间里,母亲突然抽身参加了一些活动(例如舞蹈课),有时好几天都不回家,让当时只有6岁的罗伯特一个人待在家里。此外,有迹象表明,母亲实际上共情地看待和回应孩子的能力相当有限:在一位朋友向病人的母亲指出之前,他有视力缺陷的细微迹象已经存在了至少两年,然后罗伯特5岁时进行了医学检查。当罗伯特还是个小男孩的时候,他喜欢张开嘴亲吻他人,在被亲吻的人脸上留下大量的唾液,这被认为是一种法式亲吻,并且被认为是过早的、反常的性行为的象征。罗伯特对母亲送给他的一个礼物的狂热导致了母亲的极度嫉妒,这使她从一开始就把他看作一个"奇怪的物质主义的孩子"。

病人8岁前还有一个特征,那就是他的母亲间歇性地抑郁发作,在发作期间,她会在一天中的大部分时间里哭泣。有一段时间,她与一位搬到家里住了一年的女性确立了同性恋关系。当那位女性觉得自己仿佛"溺水",并把所有注意力都聚焦在罗伯特母亲身上时,这段关系就突然结束了。正是在这段同性恋关系破裂的时候,罗伯特的父母离婚了。

在接下来的十年里,罗伯特和母亲过着流浪的生活,一会儿搬到朋友家的客房或寄宿公寓,在那个地方住两到六个月,一会儿又搬到一个新城市或新国家。这些年,因为他们住在单人间,母亲与男人和女人发生性关系时,病人都在场(直到青春期)。

罗伯特很少被送到学校,甚至在"流浪"开始之前。到18岁时,他只上过四年学,包括家教。他确实学会了阅读,并且在疾病的潜伏期,他大部分时间都是一个人待在自己的房间里看书。当病人的视力开始衰退时,没有受到为盲人准备的出行、盲文阅读或任何其他方面的指导。

大约9岁时,罗伯特开始产生幻觉和蜘蛛从喉咙里侵入并让他窒息的妄想。他没有向任何人透露这些感受。病人一直都很听话,也很顺从,从来没有问过每次搬家的原因。从大约15岁开始,他很少说话,当他确实说话时,就用单字或短句。罗伯特似乎没有性经验,包括自慰。他对性的理解仍然是原始的,并被女性解剖的泄殖腔幻想所支配。

罗伯特的父亲每年来一次或两次。当病人18岁时,他的父亲注意到罗伯特以一种微妙的敌意对待他的母亲。病人避免和母亲在一起,拒绝和她一起吃饭。这使他的父亲相信罗伯特可能仍然是"可挽回的",他提议罗伯特来和他一起住。病人的母亲对照顾罗伯特的负担越来越厌倦,因为他迅速恶化的视力障碍越来越难以否认。这时,她已深深地投身于宗教传教工作,并与罗伯特住在希腊一个贫穷的小镇上。

罗伯特去和他父亲住在一起(他父亲从未再婚),并被送到一所盲人学校。然而,在搬家后一年之内,病人就像上面所描述的那样精神病表现突出,然后被送进医院治疗。三年来,罗伯特和他母亲之间没有任何联系(哪怕是通过信件)。在他22岁的时候,当她因传教工作需要返回美国时,她探望了他几天。

治疗的过程

临床的第一阶段

罗伯特每周接受五次心理治疗。最初几个月治疗的特点是病人的精神状态持续恶化。起初,罗伯特能够用一个词来回答治疗师的问题,来传达他正在经受的心理崩溃体验的一些方面。病人感到受到蜘蛛的袭击,感受到蜘蛛包围了他,在他的食物中大量滋生,并进入他的喉咙,把他蜇得痛到极点,并且从内部让他窒息。他报告了一些妄想:被他的医院室友淹死,被魔法般地装在他体内的炸弹炸成碎片。对他的任何家庭成员的唯一陈述是关于他的父亲的,说他的父亲"纠缠"他。在这些会面中,罗伯特一本正经地坐在椅子上,颤抖着,眼睛要么盯着天花板的某个角落,要么往上翻白眼。

病人逐渐变得越来越孤僻,越来越沉默寡言。伴随而来的是焦虑的减轻和明显的精神病症状的消失。治疗师有时感到有与病人一起滑进"黑洞"的焦虑。例如,治疗师观察到自己坚持对病人的症状提出一系列问题,以努力抓住这条与病人的意义和关联线索,而这条线索正在消失。然而,语言交流减少并最终停止,使治疗师感到与病人极其疏远。

到治疗的第四个月,治疗已经变得非常平静,并在接下来的九个或十个月内依然如此。紧紧控制住逐渐减少的意义和精神病症状就可以了。在治疗师看来，显而易见的精神病症状的减少并不像是进步的标志，但治疗师也不再感到陷入某种未知和危险的焦虑中了。现在的治疗有一种时间无尽感，使得治疗师没有紧迫感去做任何事情或使任何特别的事情发生。治愈、进步、改善或帮助病人的概念在治疗的这一阶段并不是治疗师情感词汇的一部分。

在这几个月里，有很长时间的沉默，这似乎既不有趣，也不令人压抑。在这段时间里，治疗师观察他和另一个与他一起咨询的人。他看着那个人拄着手杖穿过房间，用手杖轻轻地碰了碰椅子的腿，把一只脚当成支点旋转身体，让自己像个沉重包袱一样掉到椅子上，沉到了垫子里。然后罗伯特从跌倒中恢复过来，在椅子上调整自己，把目光从盯着房间里的一个灯泡转到盯着另一个灯泡上。然后，他会把目光转移到那个人椅子旁边的手杖上。

罗伯特是个身材高大、瘦长的青少年，有着几乎齐肩的红头发，从他的外表看不出他视力有问题。治疗师对病人看起来相对健康的眼睛感到疑惑。病人能从治疗师身上看到什么？视力范围是多少？治疗师注意到病人头皮上有头皮屑，下颚有约2厘米长的毛发，但没有浓密到可以形成胡须的程度。下雨的时候，病人来到咨询室，浑身湿透，穿着湿湿的、黏糊糊的衣服，毫无生气地坐在椅子上。治疗师对此没有采取任何行动，他意识到他对罗伯特的同情比他在类似情况下通常所感受到的要少。

病人的口头表达很少，即使有，也是无生气的和机械的。他回答问题并发表声明，使用的是高度刻板的短句，通常重复治疗师或其他人的想法。例如,在一位年长的医院工作人员去世后,治疗师问罗伯特他对这个消息有什么反应。病人在回答时,机械地重复了其他病人在治疗开始之前的社区会议中使用的几个词。

病人表现出几乎无限的顺从。预约时间、治疗师、假期的变化,咨询室的改变,团体成员的变化——所有这些都被毫不质疑地接受,患者的行为或举止也没有明显的变化。同样地,当被问到他对这些事件的感受时,病人要么不回答,要么用提问者或其他人的语言回答,例如,"你对被弗雷德推感到愤怒吗?""感到愤怒。"然而,这一答复的机器人似的语气会让人感到,他使用的词与那个词所指代的感受之间没有真正的联系。治疗师不愿意像他在最初几个月的治疗中所做的那样,用进一步的问题来回应这个答复。

病人在治疗过程中有一段时间睡着了,有时躺在椅子上,有时四仰八叉躺在地板上。大约十分钟后,治疗师会叫醒病人,并要求他在余下的治疗过程中保持清醒。这位治疗师发现,在罗伯特睡觉的时候,他并不把他当婴儿看待,而在和其他病人工作的时候,当他们在治疗过程中睡在他的脚前时,他通常感觉病人像个婴儿。相反,他发现他认为罗伯特不完全是人类,是一种行为不具威胁性,也不讨人喜欢的生物。罗伯特穿着湿透的衣服来到咨询室,把自己身上的水抖了抖,很像狗从皮毛上将水抖掉。

与其他边缘型和精神分裂症患者工作的经验形成对比的是,治疗师注意到,罗伯特没有表现出他察觉到或以任何方式回应治疗师在自己身上认识到或回顾到的各种有意识和无意识的愿望和需要(Boyer, 1978; Searles, 1975)。这并不是说罗伯特在克制什么,更确切地说,有一种感觉,那就是病人不知道他自己的感受(如果有的话),因此没有条件对治疗师的情绪做出反应。

这个阶段的治疗代表了我所说的非体验阶段。其特点是病人实际上没有心理活动,相应地缺乏人际意义。病人的全部症状和类似机器人的反应是一种行为模式,反映了对知觉赋予意义的内部"关闭"和几乎完全没有思考。这种非体验状态在某种程度上可以通过病人的心理活动和行为中缺失的东西来识别,但同样重要的是,通过治疗师对患者的反应的缺失来识别。治疗师不会像在类似情境中对待另一位病人一样,感到反感、被吸引、同情、像父母一样、沮丧,而只是注意和观察。治疗师的存在并没有被积极地否定;他被注意到了,这就是治疗师存在的程度。

在所描述的治疗中,治疗师没有试图解释病人行为的含义。相反,罗伯特的表现被理解为创造体验和思考能力的真实关闭。试图解释会导致治疗师否认病人生活中的一切都变得毫无意义的方式。虽然非体验阶段在表面上类似于紧张状态,但前者可以通过反移情中缺乏紧张、愤怒和恐惧而被区分开,因为在与紧张性精神分裂症回撤的病人在一起时,会有这些反移情感受。紧张症[1]是一种用来抵御充满强烈情感的意义的防御。处于非体验阶段的精神分裂症患者已经超越了对意义的防

---

1 紧张症多见于精神分裂症,所谓"紧张"并不是精神紧张,而是肌肉紧张。有的病人在睡觉的时候被抽掉枕头,照样保持一样的睡姿。在医学上,这又称为"紧张性木僵"。——译者注

御性管理;他们通过限制对内部和外部感知赋予意义的能力,实现了摧毁意义的愿望。

非体验阶段是一种心理状态,其中破坏意义的愿望以自我限制心理能力的形式压倒性地崛起和实现。治疗师对长时间的沉默和缺乏可识别的心理活动的容忍,并不是对忍受心理痛苦的英勇能力的反映;相反,这一阶段的治疗以其独特的缺乏任何形式的人际压力为特点,需要治疗师进行一种特定形式的心理工作,使他能够避免否认他所感受到的东西。

尽管关于病人明显缺乏心理活动的想法没有传达给病人,但治疗师对自己表述对这一阶段特点的理解是治疗的一个重要方面。他考虑到和这样一个通过阻止任何事情或任何人对他有意义,或者阻止对其思考,而完全成功地处理了心理痛苦的人在一起,会产生不寻常的、常常令人不安的影响。治疗师的表述并不是根据病人对他自己隐瞒了意义来措辞的:它们不可能被隐瞒是因为病人成功地使得体验的意义被剥夺。如果病人利用了压抑,他的解释就会根据他反抗对无意识中继续存在的意义的觉察来加以措辞。但在一个非体验的阶段,情况并非如此。病人并没有对自己隐瞒什么;相反,他限制了自己的认知和思考能力。以前的意义并没有被否认:它们仍然是原始资料,而这些资料本身并没有被赋予情感上的意义。即使是无意义(由治疗师所感知到的)病人也没有体验到;任何东西都没有被体验到,包括无意义和无想法的状态。

这样的沉默解释源自治疗师对反移情本质的认识,使治疗师能够避免做出对紧张性精神分裂症患者合适,但对处于非体验阶段的精神分裂症患者则是反治疗的解释。在非体验阶段提供的重复解释通常代表着治疗师一方的防御性活动,使他无法在病人的投射性认同开始发生时,让自己作为这些投射性认同的容器供病人使用。

精神分裂症的深度回撤,与上面所描述的相似,到目前为止,主要是按照在移情中退行到人类经验中最早的未分化阶段来措辞的。西尔斯(Searles,1963)讨论了移情共生的类型,在这种共生关系中,病人不把分析师当作一个人,甚至不把他当作一个部分的客体,而是当作一个未分化的(但在某种程度上是外部的)"母体",他自己的自我可能会从中分化出来(p.663)。

玛格丽特·利特尔(Margaret Little,1958)关于精神分裂症患者工作中的妄想移情的讨论,聚焦于患者如何退行到绝对未分化的阶段,在这个阶段中:

主体和客体,所有的感受、想法和动作,都被体验为同一件事。也就是说,只有一种存在状态或体验状态,而不存在作为一个人的感受,例如,只有愤怒、恐惧、爱、动作。

(p. 135)

巴林特(Balint,1968)称最退行的治疗阶段是"和谐的相互渗透混合"阶段,其中治疗师被当作一种坚不可摧的原始物质来对待,就像空气一样:

很难说我们内脏里的空气是我们的还是不是我们的;它甚至都不重要。我们吸入空气,从中取出我们需要的东西,在将我们不想要的东

西放进空气中后,我们将其呼出,而我们根本不在乎空气是否喜欢
这样。

(p. 136)

同样,罗森菲尔德(Rosenfeld,1952b)将治疗慢性精神分裂症的最深
入阶段描述为病人与治疗师"混淆"的阶段。这种混淆被理解为强大的
口欲合并幻想与进入物体内部的幻想同时运作的结果。

使用不同的语言和意象,每一位分析师都试图描述一种心理上未分
化状态的移情体验。这是一种与本章所提议的明显不同的类型,本文认
为第一个阶段的特点是几乎没有任何类型的体验,甚至没有"基本整体"
的原始体验(Little,1958)。

在比昂(Bion,1959b,1962b,1967)和格罗特斯坦(Grotstein,1977a,
1977b;Malin &Grotstein,1966)工作的基础上,我认为关于未分化阶段的
移情重复的想法只能部分地解释非体验阶段的现象。我将这种类型的
精神分裂症性退行理解为一种从母亲身上部分分化出来的早期病理状
态的复活,在这种状态下,婴儿的投射性认同没有被母亲充分地容纳。
通常情况下,只要有足够好的养育,婴儿就会通过诱导母亲产生相应的
感受,发展出体验和容纳自己的想法和感受的能力,因为母亲允许这些
情感在母亲身上"憩息"(Bion,1959b)。当母亲能够"遐想"(reverie,容纳
婴儿投射的感受状态)时,婴儿以一种能被赋予意义(体验到)的形式重
新内化原始感受的一个修改过的版本。通过这种方式,婴儿发展了他自
己赋予知觉意义的能力,得以体验到原始的感官资料(内部的和外
部的)。

当母亲不能或不愿让自己被用作容器时,母亲对婴儿情感的否定,就会让婴儿投射出来的情感的基本意义渐渐枯竭。例如,让我们想象一个婴儿处在这样一个阶段,他开始区分外部和内部。让我们假设他非常不舒服,因为他的尿布又湿又冷,导致他的皮肤火辣辣地痛。他在不舒服刺激的压力下踢来踢去,尖叫起来。在生命的最初几个月中的某个时刻(我有意让这个事件的时间含糊不清),婴儿第一次,非常不完整地将他的感知(原始的感官资料)组织成一种早期的恐惧、愤怒的原始体验,以及对这种情境存在而没有得到立即的和魔法般的纠正而感到暴怒。

这些体验要素以婴儿的哭声、肌肉张力、身体动作、面部表情、喂食和排泄活动、呼吸节奏变化等为媒介,传达到母亲那里。让我们也想象一下,这个婴儿的母亲正在与她自己对婴儿的矛盾情感作斗争,这种感受包括未解决的、无意识的、凶残的愿望。这位母亲可能准确地推断出婴儿不舒服的物理根源,但她严格地使自己在情感上只是少量认识到婴儿愤怒、恐惧和愤怒情绪的萌芽,也只是赋予它们少量的意义。[1]这位母亲可能会有效率地,但机械地,给婴儿换尿布,并没有将自己当成一个容器,使婴儿的原始愤怒在她自己的人格系统中产生意义。这样,婴儿的愤怒和恐惧被否认,并被剥夺了意义之后返回给他(通过母亲将她的注意力严格限制在机械的任务上)。之前构成由痛苦引发的愤怒和恐惧体

1　当母亲的照顾是足够好的,这一赋予婴儿的感知以意义的过程是无意识地和悄无声息地发生的。母亲随后对婴儿及其环境的处理,是母亲的无意识沟通的媒介,等同于治疗师准确的解释。

验的要素,现在被简化为启动机械活动的信号。这样,婴儿能够产生的早期体验就失去了意义。[1]

　　母亲对婴儿投射性认同的否认被体验为对母亲与婴儿之间联结的一种攻击(Bion,1967)。攻击联结的母亲被内化了,并被当成对不可接受的精神分裂症性体验的自我防御。当精神分裂症患者实际上是对他自己的体验能力进行攻击并开始一个非体验阶段时,精神分裂症患者与攻击联结的母亲的体验的移情重复变得越来越少,即使是无意义本身和它所表征的心理灾难也没有被体验到。移情重复意味着逐步实现对体验能力的限制,并最终导致一种如此缺乏意义的状态,以至于人们怀疑它是否能再被认为是一种移情现象,具有移情应该包含的所有内心的和人际的意义。

临床的第二阶段

　　在将近一年的时间里,与罗伯特的会面已经变成了前面描述过的例行公事,而且已经完全可以预测:有很长一段时间的沉默;病人在椅子上坐立不安,偶尔在咨询室地板上小睡,或者做简短的事实陈述,没有详细说明,也没有可察觉的幻想内容。这位病人视力障碍的程度似乎与他有意义地利用其他形式的感受能力的程度一致,以至于治疗师发现自己不

1　温尼科特(Winnicott,1956)将母亲容纳婴儿投射性认同的能力,称作她"与婴儿感同身受"的能力(p.304)。温尼科特将意义的剥夺描述为:"在外在客体持续失败之后,内在客体不再对婴儿来说是有意义的,然后……过渡客体也变得没有意义了"(1951,p.237)。

再认为病人是盲人。罗伯特让治疗师变得麻木。只有在回顾的时候,治疗师才意识到,由于病人几乎完全没有明显的心理活动,他在工作的第一年里就让自己的感知能力变得十分迟钝。

在几个月的时间里,一系列的变化慢慢发生了,治疗师只能下意识察觉到这些变化。病人的个人卫生状况开始严重恶化。罗伯特的头发变得越来越油腻;他的头皮和额头上满是白色的头屑。治疗师开始意识到他的咨询室有一股恶臭,他以前只是隐约意识到,现在却觉得受到了攻击。在每次治疗开始时,当治疗师跟着他走进咨询室时,病人身上飘来的一股强烈的臭味给他留下了深刻的印象。治疗师被这一切惊呆了,想知道为什么他以前没有意识到这一点。他变得非常着急,不知道将以什么方式终止它。治疗师盯着罗伯特,发现罗伯特的脸上有一层薄薄的污垢和油脂,这不是他第一次注意到,但是以一种完全不同的方式。在病人2厘米长的面部毛发中可以看到食物的微粒。他的衣服上覆盖着结成块状的食物和污渍,每次治疗结束后,一些食物会被擦掉或脱落,留在治疗师的椅子和地毯上。现在,治疗师把他咨询室里的椅子看作他自己的财产,而这些财产正在被病人弄脏。这位治疗师从来没有如此强烈地感受到自己对咨询室中家具的所有权。当罗伯特向后靠在椅子上时,治疗师的肌肉变得紧张,他看着病人用他肮脏的头发磨着椅子后部的靠垫。治疗师感到非常迫切想要纠正这种情况,并问病人为什么他的卫生状况如此显著地恶化了。病人没有回答。治疗师认为这种缺乏反应是一种蔑视,而在之前病人没有回答问题时他没有这种印象。

治疗师意识到病人的行为导致治疗师感到失去控制。他体验到一种强烈的需要,要病人停止做任何对治疗师有影响的事情;当这种情况持续下去的时候,与病人在一起是极其困难的。治疗师自己不清楚他所参与的和他被进一步吸引的人际现象的确切性质。过去,他从投射性认同的角度分析这样的情况,从处理类似紧张的人际关系的成功经验中,使自己的这种情绪得到缓解。然而,目前,这种了解情况的尝试似乎过于理智,在帮助治疗师从他觉得自己被卷进了的漩涡中解脱出来方面,让人感到价值有限。

病人的气味恶化了,当治疗师发现病人椅子上的垫子吸收了病人的气味,即使罗伯特不在的时候,也能散发出那股恶臭时,他更加愤怒了。在接下来的几周里,治疗师用不同类型的溶剂洗了几次坐垫,但都没有用。消除病人的气味成了治疗师的当务之急,他发现自己会在餐馆和电影院里换座位,以避开那些让他想起罗伯特的气味的人。起初,罗伯特顶住了医院工作人员为了让他洗澡而施加的所有压力。最后,他同意每天洗一次澡,但只是敷衍了事,没有多大改善。

治疗师体验到病人的气味不断积累,现在发现会面中的沉默充满了张力,像是一场场斗争。当他看着坐在"他"椅子上的病人时,治疗师觉得,这位病人因为有不去思考的能力,比治疗师更能适应这种通过沉默进行的斗争。这位病人的失明被想象成一种额外的帮助,使他隔离了治疗师在仔细检查病人满是食物残渣的脸颊和油腻打绺的头发时所感到的愤怒。在一次治疗过程中,听到了一声很响的救护车或警车警笛声,病人不假思索地说:"警笛响了。"然后他笑着补充道:"他们来抓你,把你关起来。"经过长时间的停顿,他补充道:"你被包围了。"这是自早期精神病症状呈现以来,他第一次将幻想活动用言语表达出来。心理治疗师暂时从人际斗争的压力中解脱出来，说："你的意思是被侵入，不是吗？"病人笑了，但没有回答。在接下来的一年里，每当听到警笛声（至少每周一次），病人就会说："他们会进来把你抓住。"

在病人用言语将幻想内容表达出来的资料的帮助下，以及在人际紧张程度有所降低的气氛中，治疗师开始更全面地了解以病人的气味为中心的互动的性质和意义的各个方面。这位治疗师第一次能够从他已经运作了一段时间的范围严格受限的想法、感受、自体和客体表征中将自己解放出来。渐渐地，正如下面将描述的那样，治疗师能够更准确地表达出他和病人之间正在发生的事情的意义。当这一切发生时，他发现罗伯特的气味不再强烈地吸引他的关注并让他生气。气味仍然令人不快，但治疗师不再觉得他必须逃离它。

在接下来的两三个月里，病人的个人卫生得到了改善，更多的是因为他对变得很脏失去了兴趣，而不是因为他掌握了新的技能。在此期间，更多的幻想材料反映出以侵入性的、令人窒息的攻击为中心的主题。早期蜘蛛从喉部侵入并且令病人窒息的幻觉，以及对被室友淹死和被他父亲"纠缠"的妄想性恐惧，现在都可以被看作对病人的一种正在浮现的观点的生动证实——他内心满是一种他自己被侵入并充满的感觉。

治疗师逐渐将刚才描述的治疗阶段看成，以罗伯特个人卫生的迅速恶化为开始，直到他的气味变成无意识幻想的人际实现工具（即投射性认同的工具）。这个幻想包含了将被另一个人渗透并且令人窒息地交织在一起的感受投射给治疗师的想法。治疗师迫于压力，感觉自己真的被病人的侵入性污染和充满了，这一侵入性以他的气味为象征。在这种压力下,治疗师开始担心,他的财产(他与之密切地认同)已被病人永久地和破坏性地渗透了。治疗师无法成功地容纳和整合被诱导出来的感受,反而感到被这些感受压倒,并被迫逃离它们。在病人心里,治疗师仅仅理解被充满的感受是不够的。病人的原始愿望是治疗师自己成为病人,被客体充满。病人全能幻想是占据和控制治疗师,并以这种方式被治疗师所了解。此外,此处存在着一种希望,那就是治疗师也能够容纳病人令人厌恶和破坏性的部分。

　　非言语移情上演以及相关的反移情是所述构想的重要资料来源。在以非语言为主的治疗阶段,人们必须大量依赖这些资料。之后言语象征更多地在治疗阶段的互动和交流中表现出来,可以证实或否定早期的构想。例如,在治疗的第三年,罗伯特经历了一次小范围的精神病性退行。此时,他的自体客体区分和用言语表达想法与感受的能力方面已经有了显著的进步。在那个时候,罗伯特能够用语言来象征共生融合状态的各个方面,而这种融合是在气味投射性认同中以人际的方式上演的。

　　在第三年的精神病退行期间,罗伯特开始觉得治疗师在"纠缠"他。他有听到治疗师声音的听觉幻觉,这种幻觉被体验为交织在一起,并与他自己想法的声音和感受"混合"在一起。在自体客体区分更多的时候,他感受到了对治疗师"纠缠"他的愤怒。病人在接受了四次这样的治疗后呕吐了。当罗伯特更进一步退行时,他说他觉得自己的头被砍掉了("就像一个被劈开的原子"),然后他的"闹鬼的头"感觉就像在纠缠治疗师。

　　罗伯特起初报告,治疗师只能用病人的眼睛看东西。然后,治疗师变得与劈下来的闹鬼的头无法区分。这位病人对于被充满或缠绕的反抗，可以在他的分裂幻想中得到明显的象征，在这一幻想中，他自己闹鬼的一部分被分裂然后投射了出去。此外，病人幻想着被充满的自体（闹鬼的头）以一种最初控制他，然后以与他融合的方式被存放到治疗师那里。

在与病人讨论这些感受和想法的过程中，治疗师评论说，当病人的气味充满整个咨询室时，在治疗的早些时候就出现了几乎相同的感受。这位病人表示，在那段时间里，他的感受非常相似，但他"当时不是一个人"。现在，他觉得自己更像一个人，但"如果他的头被砍了太多次，并缠绕了太多人，他害怕会成为一个无足轻重的人"。罗伯特用这种方式表达了他对通过幻想将自己投射进治疗师体内而失去他自己的恐惧。这里还提到了一种恐惧，即他将再次开始变得不存在，以逃避与被充满有关的冲突感受。

在治疗的第三年，这种恐惧可以用言语来表征，而以前，这种想法只能以投射性认同（临床第二阶段）的形式在人际上演，或者通过限制他的心理能力（临床的第一阶段）的形式在个人内部上演。

临床的第三阶段

在治疗的第二年，病人表现出焦虑加剧的迹象，这种焦虑很快发展成一种令他瘫痪的恐惧状态。当被问到这件事时，他只会说原因是"和你在一起"。罗伯特又开始在他治疗过程中出现颤抖，他的眼睛往后滚动到眼窝里。当治疗师进一步询问病人极度恐惧的依据时，罗伯特似乎在试图回答,但却无法做到这一点。有时,他可以开始一个句子,但马上就会被阻塞。病人经常迅速将头转向一个方向或另一个方向,治疗师推断这是对视觉幻觉的反应。(后来这一点获得了证实。)这些幻觉后来被称为"黑白形式",由一组折磨人的形状组成,病人觉得这些形状是一张破碎的脸的一个个活着的残留物。

随着罗伯特的阻塞继续下去,他试着说但又说不出来所导致的挫败感让他越来越痛苦。18个月来,这位病人第一次体验到了焦虑。他现在不仅能够体验到这种感受并且能够用言语表达这种感受,而且还能把感受想象成对他人的反应。治疗师从投射性认同的角度看待这一现象,即从早期阶段的防御性非体验,到通过投射性认同来管理感受的共生阶段,最后到目前有能力体验和观察他与治疗师在一起的焦虑。在这样理解最初18个月的工作的基础之上,在几个星期的过程中,治疗师提供了这样一个解释,即病人已经开始允许自己去思考并且去体验感受。治疗师用简短的句子表示,他认为这些活动(思考和感受)容易使病人感到痛苦,他以前曾试图通过阻止自己体验任何事情来逃离这一痛苦。既然罗伯特敢于有自己的想法和感受,所以他发现和治疗师在一起是极其令人恐惧的。

在每一次的治疗里给出一部分解释的过程中,罗伯特都明显地变得平静了一些:颤抖逐渐减弱,他的目光又回到了灵活的、向前的凝视中,他的肌肉紧张程度明显地下降了,试着讲话又阻塞也停止了。这位病人有一种孩子般的温柔,这是治疗师以前没有意识到的。当他提出这些评论并观察病人对此的反应时,治疗师经历了相当强烈的愉悦亲密感和母性保护感。第一次,治疗师有意识地幻想"治愈"病人。在这段时间里,他有时会想象,当病人开始以一种更持久的方式说话时,他说话的声音听起来就像治疗师的声音。

在这些充满焦虑的治疗中,有一次病人突然用一种微弱而低沉的声音说:"你的声音听起来像我。"他不愿详细说明。治疗师惊讶地发现,罗伯特似乎也在考虑他自己的声音和治疗师的声音之间的相似点。沉默了很长一段时间之后,病人又令人意外地说:"你疯了吗?"(在同一天早些时候,在罗伯特也参加的一次社区会议上,另一位病人指责治疗师疯了。)当治疗师思考这件事时,他说,"所以你认为我可能疯了。"病人笑了,这一微笑很罕见但是温暖,然后说:"只有当你说话的时候。"当被问到更多关于治疗师的疯狂时,罗伯特说:"你的疯言疯语没有我的疯狂。"在接下来的几次治疗中,很明显,病人对治疗师"以自己独特的方式"疯狂着的想法感到非常高兴,治疗师的声音被等同于一种疯狂,这种疯狂让病人的内心更加平静。

在接下来的几周里,一种模式出现了,罗伯特在治疗间隙变得非常害怕,每天打电话给治疗师多达六次,包括周末的时候。他什么也不会说(甚至连"你好"都不说),他会等待治疗师讲话。当治疗师确实说话时,病人的焦虑立刻减轻了。这种互动也在治疗时间内进行,治疗师的话(相对于表明他在场的其他形式的证据)显然被罗伯特体验为强有力的安慰。

治疗师和病人一起回顾了他观察到的病人对解释的反应,包括治疗师讲话声音的镇静效果,以及罗伯特在治疗师的"特殊类型的疯狂"中获得的乐趣。治疗师接着说,他认为罗伯特觉得通过把罗伯特痛苦的想法传达到治疗师的脑海中,治疗师可以消除他的疯狂,然后治疗师将把这些想法用语言表达出来,从而使它们变得无害。病人立即回答说:"嗯,你不能吗?"治疗师笑着说:"也许你和我有时会希望这样。幸运的是,或不幸的是,我们每个人都有自己的想法和感受,我们必须忍受它们。"

在这次会面之后,电话仍在继续,但性质有了明显的变化。罗伯特开始开玩笑地打电话,自称是"日瓦戈医生"。这在某种程度上是对治疗师名字的幽默戏仿,但同时也代表了一种希望与治疗师疗愈的方面合一的言语象征性陈述。这种嬉闹后来被毫无幽默感、无情的侵扰所取代,同时,打电话的频率也增加了。然后电话中的敌意被解释为病人逐渐觉察到他与治疗师是分离的,并且憎恨这一点。就在那个时候,电话停止了。

在治疗的这一阶段,在工作过程中第一次提供了言语解释。这位病人提供了一些证据,证明他有能力进行因果的、言语象征性的思考。病人认为"和你在一起"是焦虑的根源。病人试图用语言和象征性思维来控制焦虑。在最初的解释中,病人精神病症状的剧增被表述为,其反映了病人努力容纳自己的体验和想法而产生的紧张感。通过观察患者对初始解释的反应,以及对反移情的分析,得出了第二组干预,其中治疗师解释了在对最初的解释做出反应时出现的治疗性融合幻觉。

治疗师认为,他的想法和声音能够吸收病人的疯狂并令其变好,这与足够好的母亲与过渡客体的神奇安慰力量的幻觉的关系类似(Winnicott,1951)。母亲对过渡客体的"信仰"被真诚地感受到了,但这并不是一种妄想,也不是婴儿强加给她的。她相信是因为婴儿相信,而且双方都在他们不再相信的道路上。无论是处于过渡客体阶段的婴儿的母亲,还是处于治疗的第三阶段的治疗师,都不认为这是对他们的现实掌控感的一种攻击;这种幻觉的分享根本就不彻底,而且相当顺利地整合进了他们更大的人格系统的正常运作之中。

临床的第四阶段

随着治疗的进展,三种发展被认为是同时进行的:(1)病人容纳自己想法和感受的能力在扩大,导致更频繁的焦虑期,这些被越来越多地定义和言语象征化;(2)他对投射性认同作为一种沟通方式、防御形式和人际关系类型的依赖正在减少;(3)治疗师更频繁地言语化他之前的"沉默"解释的各个方面。

在治疗的第二年快结束的时候,罗伯特的行为和心理状态发生了巨大的变化。在几个星期内,他开始不停地说话,但不是以一种紧迫的方式。他对生活的每一个细节几乎都感到有趣和兴奋,特别是他自己和别人之间可能产生的各种情感。在之前的两年里,罗伯特的言语表达几乎完全局限于非常简短的短语或句子,说出来的时候轻柔、含糊不清,几乎没有什么情感。在此之前,治疗师还不知道罗伯特持续说话时的声音。现在,这位病人每次几乎不间断地说整整一个治疗时段。治疗师有一种与一个正在做自我介绍的人在一起的感受,尽管在过去两年中,病人和治疗师单独在一起的时间超过500小时。罗伯特没有直接谈论他身上发生的变化,但当治疗师受邀参加一场庆祝活动时,他一遍又一遍地评论罗伯特的嗓音,这嗓音已经成为他的独立性,以及思考和行为能力的象征。（回想起来，这一象征在整个治疗过程中一直在发展。）

罗伯特开始非常关心人们的工作、角色或职位是什么。然后，他会坚持要求他们的行为符合这一定义。公共汽车路线、火车时刻表和街道地图（盲文）成为他强烈兴趣的焦点和骄傲的来源，因为病人成了这些问题上的"权威"。情绪和判断被赋予了它们之前所缺之的细微差别、微妙之处和复杂性。罗伯特在学校里的学习能力大幅度提高，在几个月内，他就能在当地社区大学的辅导班每周上五天课，同时住在中途之家。

也有很多时候，冗词赘语的数量达到了一个程度，病人说的句子变成了似乎不再被用来交流想法的唠叨。同样，向治疗师提出的问题往往不是为了得出想法或信息；相反，这些问题是修辞性的，病人的讲话节奏甚至都没有停顿以获得答复。

互动主要是为了寻找乐趣，以发现他能用另一个人创造什么样的困境或解决办法，就像他使用一组颜料一样，有着独特的纹理和颜色。例如，罗伯特投入了大量的精力去做电话拉票和散发传单，以支持一场他既不赞成也不完全理解的一个州的全民公投。

治疗师有时被用作这些"画具"之一，但更多的是作为一个观众，未经编辑，逐字回忆出来，其目的是分享他日常生活中的事件，因为他现在发现这些事件是如此令人愉快。有一种感受是，如果这些事件只体验一次，那将是一种耻辱。病人讲述并表现出自以为是的愤慨、智者的愤世嫉俗、屈尊的怜悯等感受。这一切之中都有一种自由和兴奋的感受。罗伯特在与他人的关系中经常表现出傲慢，有时对他人的感受、权利和财产的漠不关心，达到了荒唐的程度。

罗伯特从他新近达到的自我界定和自主水平中感受到了一种"力

量"。例如,在学校课程的一开始,他会要求在某一天讨论某一主题;如果老师拒绝遵守,罗伯特就会离开课堂,说:"如果你不教我需要学的东西,我就不必留下来浪费时间。"当治疗师一遍又一遍地听着关于这类行为的描述时,他第一次坚定地意识到,罗伯特完全有能力终止治疗,如果他愿意的话。治疗师切实感觉到,如果病人对再次进入对治疗师的共生依赖的愿望的恐惧变得太过于强烈,病人有逃避治疗的风险。然而,治疗师同时意识到,他对病人逃避治疗的焦虑反映了他本人以及患者不愿放弃共生移情和反移情所涉及的相互拥有的幻想。

与治疗师的客体联结已经开始建立,这是显而易见的,尤其是在治疗过程中治疗师度假之前。这位病人将他因为治疗师即将到来的假期而感到失望和愤怒的这一暗示看作荒谬的。然而,在这个假期前的结束治疗时,有人看到罗伯特用手杖用力击打了一辆从公交车站出来的城市公交车的后部。当治疗师不在的时候,罗伯特会大声地反复宣称,他能从每天与治疗师见面的负担中解脱出来,这让他松了一口气。同时,他会通过持续地提起治疗师的缺席,并且在此过程中,宣称他自己的自由和放松感,来公开地、残忍地嘲弄治疗师整合程度差一些的病人(在同一间中途之家)。

几个月后,罗伯特第一次报告了关于童年事件的回忆。其中有一种强烈的故作神秘感。病人会在一次治疗中只透露一段回忆片段,然后切断自己的回忆,说这就是治疗师所要了解的关于病人的全部情况。在这些秘密中,保守得最严的是对他母亲的回忆。在被揭露之前,这些回忆被有意识地伪装和删掉,并弥漫着对她的强烈保护感,使她不受幻想中治疗师会做出的谴责。也是第一次,病人开始公开承认他失明的事实,尽管焦虑、恐惧、不公平的感受等都明显地从他就事论事地提到的逐渐失明中消失了。然而,现在他用手杖砸碎了他走过的每根电话线杆和路灯柱,这使得手杖的顶端和手柄都断了,而杆子的损坏也越来越严重。

这一阶段的治疗具有一种明显的性质,即向心理组织和人际关系的新水平迈进。我认为,在这段时间里,病人体验到了建立某种形式的躁狂防御的压力,以及马勒(Mahler,1972)分离-个体化"练习亚阶段"的真正兴奋,在这个亚阶段,婴儿"陶醉在自己的能力和世界的伟大中"(p. 336)。

与前几个阶段一样,越来越矛盾的共生移情的各个方面,继续伴随着在分化的客体关系方面累积。早期的侵入和被其他人(或自体和客体的一部分)侵入的主题,现在表现为病人积极的人际侵入形式,这主要是在客体关系分化的背景下用语言表征的。然而,在这一阶段,将意义归于体验(包括痛苦的体验)——无论是现在的还是过去的——的能力方面的限制,都被大大地解除了。从多年的自我强加的感官剥夺中有一种解脱的感受。感受,特别是那些与他人互动产生的感受,似乎是新发现的。在描绘和澄清自体和客体表征的细节、边界和细微差别以及它们之间的关系时,有巨大的满足感。

同样重要的是病人更有能力去体验和容纳痛苦的想法和感受。他早期的防御方式是大规模地关闭赋予现在和过去的知觉意义的能力,结果是现在的知觉和记忆作为原始的感官资料存在,这些东西本身没有被体验过。在非体验阶段,有关治疗师休假的感受和想法、病人的失明及其恶化和对母亲的记忆,不是通过从意识中移除(否认或压抑)、被伪装成它们的对立面(反应形成、理想化或躁狂防御)、归因于另一个人(投射或置换),或在心理表征领域内其他将意义重新排序的方式来防御的。正如弗洛伊德(1915a)所指出的那样,这种防御涉及使令人痛苦的意义变成在动力学上无意识的东西,而这从来都不是一个完全成功的过程。必然出现并且不可避免的是,无意识的意义会以某种衍生形式被体验到,比如梦、症状、口误、行为上不由自主的改变、难以言表的或过于强烈的情感状态等形式。非体验阶段的特点是,由于为当前和过去的感知赋予意义的能力受限,这一阶段没有这类衍生物。意义并没有被伪装或从意识中移除;相反,体验被剥夺了意义,产生新意义的过程被麻痹了。没有意义,就没有衍生意义。

与此形成对照的是,在所述治疗的最后阶段,这种限制在某种程度上消除了,这反映在病人在与治疗师分离、失明和对母亲的记忆方面突出地使用否定、置换、投射和情感隔离。尽管病人强烈否认,治疗师的假期对他来说意味着什么,除了受欢迎的宽慰,但他无意识地保持的意义(治疗师和他自己的心理表征被愤怒和丧失的感受所影响)的衍生物,在对离开站台的公交车的暴力攻击中,以及他无情地、痛苦地提醒"较弱"的病人注意治疗师的缺席的方式中,都是显而易见的。同样地,病人对自己的失明就事论事的承认,以及手杖的严重损坏,反映出他对失明的愤怒并没有被剥夺意义,而是继续存在于心理领域,尽管这种形式的情感与有意识的想法是分离的。此外,罗伯特对他母亲的敌意不再是毫无意义的,而是通过置换和投射到治疗师身上(而不是投射性认同)来处理的,这表明心理表征领域内的转变正在以有效的方式得到防御性的利用。治疗师现在可以在共同努力(两个单独的人)了解病人的现在和过去的体验的过程中,提醒病人注意这些衍生物。然而,病人在表征领域内使用防御机制并没有完全取代他通过破坏意义和思考来进行防御而付出的努力。就这一点而言,病人的唠叨可以被看作一种无意识努力的表征,这一努力是为了耗尽语言的象征和交流价值。

对临床理论的启示

本章所做的区分的重要结果是,在表征领域内的转变与涉及超出心理表征领域的实现所引起的变化之间进行了区分。许多精神分析概念完全是根据表征领域内的变化来定义的,因此,没有将它们所处理的超出该领域的现象的各个方面包含进来。经典的移情观(Freud,1912a,1914a,1915d)侧重于改变病人对分析师(或另一个人)的心理表征,这一表征与内化的过去客体关系的有意识和无意识表征的特征相一致。病人将从以前的重要关系(通常源自童年)中产生的感受和想法置换和投射到当前的客体表征上(Moore and Fine,1968;Rycroft,1973)。焦瓦基尼说:"精神分析中移情的本质是将幼稚或相对幼稚的要素投射到心理治疗师的心理表征上"(Giovacchini,1975,p. 15)[1]。因此,移情已

---

1 尽管焦瓦基尼将移情看成投射的一种,他在操作上将这一概念作为一个两人现象来使用,在这一现象中"病人将他初步组织的自体投射进分析师。当他再一次将它作为他自己的而合并它的时候,就存在着自体各种部分的一个重新组合,允许有进一步的发展"(1975,p.32,楷体字由本书作者所加)。

被表述为一个人的心理活动,即作为一种内心事件。一个人单独待在一个房间里,就可以把以前关系中产生的感受投射到想象中的人(或幻觉中的形象)、电影明星、政治人物、人格化的政府机构(例如,联邦调查局)等身上。这种移情的概念并不要求第二人格系统受这一过程的影响或对这一过程有影响。

费尔贝恩(Fairbairn,1944,1946)指出,内化的不是客体,也不是客体表征,而是与客体相关的自体表征被内化,以及作为这种关系的特征的特定情感联系,从而加深了对在移情过程中的精神分析概念的理解。巴林特(Balint ,1968)、比昂(Bion,1959b)、博耶(Boyer,1978)、焦瓦基尼(Giovacchini,1975)、马苏德汗(Khan 1974)、克莱因(Klein,1946,1955)、兰斯(Langs,1978)、利特尔(M. Little,1966)、拉克尔(Racker,1968)、罗森菲尔德(Rosenfeld,1952b)、桑德勒(Sandler,1976b)、西尔斯(Searles,1963)、温尼科特(Winnicott,1947)等人的工作扩大了这一概念最初的焦点,不仅包括了分析师心理表征的转变的想法,而且还包括了以压力的形式进行的表征转变的人际上演,其形式是向治疗师施压,使其以与内化的关系中所描述的自体和/或客体表征相一致的方式体验自己和采取行动。这是一种关于移情的概念,将其看成一种需要两个彼此独立的人格系统互动的现象。翻译成我一直使用的术语,这些分析师认为移情必然涉及人际实现。

我建议进一步拓宽与精神分裂症患者的工作中所遇到的移情的精神分析表述,以包含费尔贝恩的贡献中所固有的但尚未得到充分承认的另一个方面:移情还可能涉及一种内心实现的形式,在这种形式中,一个人遵照早期客体关系中的自体和/或客体表征的特征来调整他自己的心理能力(而不仅仅是他的自体和/或客体表征)。换句话说,病人限制了他在移情中的心理能力,以符合内化的客体关系中所表征的自体状态。因此,移情被概念化为三个相互关联的方面:(1)内在的自体和/或客体表征投射到治疗师的心理表征上(内心事件);(2)前面一个幻想的人际实现,这样治疗师就暴露于人际压力中以符合无意识中投射的幻想(投射性认同);(3)病人遵照在内化的客体关系中所描述的自我状态来限制他自身的心理能力(内心实现)。

　　从这个角度来看,也有必要拓宽阻抗的精神分析表述方式。弗洛伊德(1923)认为阻抗是病人反对意识到动态无意识意义的表现(另见LaPlanche & Pontalis,1973)。其他人也拓展了这一概念,将病人反对心理成长的所有表现都包括在内(Schafer,1973)。在后一种传统中,我建议将阻抗定义为包括病人反对改变其思考和体验的能力,即反对扩大先前受限能力的功能,这一受限能力存在于被压抑的意义的水平之上。反对解除对思考和体验的心理能力的限制,也是阻抗的一种表现,就像他们反对揭示被压抑的东西一样。换句话说,精神分裂症患者不仅对意义的觉察进行阻抗,而且对创造和维持有意识和无意识的意义和表征也进行阻抗。正是后一种形式的阻抗导致精神分裂症患者经常被宣布为有自我缺陷的和无法分析的(A. Freud,1976;Kohut,1977;London,1973a,1973b;Wexler,1971)。

总　结

在这一章,我描述了对一位视力障碍的精神分裂症患者所进行的精神分析性治疗的前三年的过程。在一段精神病症状逐渐减少的初始阶段之后,病人发展出一种更像"生物"而不是人的存在和关系模式。然而,没有任何迹象表明病人感觉到或有成为一个"生物"的幻想。这位治疗师指出,他既没有体验到他自己在治疗严重退行的精神分裂症患者的过程中通常会体验到的同情,也没有体验到反感。

大约一年后,开始几乎察觉不到病人的存在,没有以那种可觉察和有持续的人际压力的方式存在。压力的性质是弥散的,最初完全以感受侵犯的形式出现在治疗师身上(莫名其妙的恶臭、声音和景象)。病人和治疗师慢慢地才了解到这些侵犯的具体含义。事实上,第一年工作中所缺乏的正是赋予感官资料以意义的能力。在第二年,通过治疗师对病人先前非语言产物及其伴随的移情感受的"加工",病人越来越能够赋予自己之前弥漫性的、感受层面的体验意义。这些展开的意义集中体现在病人对共生的弥漫感或"纠缠感"的矛盾反抗上。

在第二年的后半期和治疗的第三年,病人逐渐发展了体验和容纳自己的感受和想法的能力。最初有一种以幻觉的形式(其中治疗师被巧妙地邀请参加)从这种容纳中的退行,在这一幻想中治疗师和病人不是完全分开的,治疗师的声音可以使病人的疯狂想法和感受变得安全。渐渐地,随着这一点得到解释,病人开始体验到把自己想象成一个有思考、感受和行动能力的人所体会的那种兴奋和力量感。这种兴奋也反映了一种躁狂的防御形式,以抵挡丧失、被抛弃和无力的感受,这些都是觉察到一个人的分离性时随之而来的感受。这些防御有时会负担过重,随之发生短暂的精神病性退行,并伴随着自体客体分化的部分丧失。不过这些退行提供了更多机会,以便重新处理以前工作阶段中许多尚未完全解决的方面。

　　我认为这份个案报告所描述的临床现象,单靠个人内部或人际关系的转变,或病人对心理能力的运用的改变,无法充分地表述出来。本书的任务是开始发展一个概念框架,来描述、组织和思考这些领域之间各种形式的相互作用。引入实现的概念是为了提供一种方式来讨论从表征领域到其他领域之间的转换。于是,投射性认同可以被认为是实现的一种形式:无意识的幻想是通过在另一个人身上唤起一致的感受来实现的。同样地,内心实现指的是精神分裂症患者不仅想象心理上的灾难,而且实际上给自己的体验和思考能力带来严重的限制并将其维持下去。这有时会达到一种心理几乎完全封闭的程度,我称之为非体验状态。

参考文献

Abraham, K.(1922).The spider as a dream symbol.In *Selected Papers of Karl Abraham*, trans.D.Bryan and A.Strachey, pp.326–332.London:Hogarth Press,1927.

Adler, G. (1973). Hospital treatment of borderline patients. *American Journal of Psychiatry* 130:32–36.

Altshul, V.(1980).The hateful therapist and the countertransference psychosis.*National Association of Private Psychiatric Hospitals Journal* 11:15–23.

Arlow, J., and Brenner, C. (1964). *Psychoanalytic Concepts and the Structural Theory*.New York:International Universities Press.

——(1969).The psychopathology of the psychoses:a proposed revision. *International Journal of Psycho–Analysis* 50:5–14.

Balint, M. (1952). *Primary Love and Psychoanalytic Technique*. New York:Livewright,1965.

——(1968).*The Basic Fault*.London:Tavistock.

Benedek, T. (1973). *Psychoanalytic Investigations*. New York: Quadrangle/New York Times Book Company.

Bion, W.R.(1955).Language and the schizophrenic.In *New Directions in Psycho–Analysis*, ed.M.Klein, P.Heimann, and R.MoneyKyrle, pp.220–329.London:Tavistock.

——(1956).Development of schizophrenic thought.*International Journal of Psycho-Analysis* 37:344-346.

——(1959a).*Experiences in Groups*.New York:Basic Books.

——(1959b). Attacks on linking. *International Journal of Psycho-Analysis* 40:308-315.

——(1962a). A theory of thinking. *International Journal of Psycho-Analysis* 43:306-310.

——(1962b).*Learning from Experience*.New York:Basic Books,

——(1967).*Second Thoughts*.New York:Jason Aronson.

——(1977a).*Seven Servants*.New York:Jason Aronson.

——(1977b). Unpublished presentation at Children's Hospital, San Francisco,California.

Boyer, L.B.(1978).Countertransference experiences with extremely regressed patients. In *Countertransference*, eds. L. Epstein and A. Feiner. New York:Jason Aronson.1979.

——and Giovacchini, P.L.(1967).*Psychoanalytic Treatment of Schizophrenic and Characterological Disorders*.New York:Jason Aronson.

Brodey, W.M.(1965).On the dynamics of narcissism: I.Externalization and early ego development.*The Psychoanalytic Study of the Child* 20:165-193.

Bullard, D,(1940).The organization of psychoanalytic procedure in the hospital.*Journal of Nervous and Mental Disorders* 91:697-703

Bush,M.(1981).Personal communication.

Caudill, W.(1958).*The Psychiatric Hospital as a Small Society*.Cambridge:Harvard University Press.

Donnet,J.L.,and Green, A.(1973).*L'Enfant de Ca.Psychanalyse d'un entretien.La Psychose blanche*.Paris:Editions Minuit.

Edelson, M.(1970).*Sociotherapy and Psychotherapy*.Chicago:University of Chicago Press.

Engel, G.L., Reichsman, F., and Segal, H., (1956). A study of an infant with a gastric fistula. I. Behavior and the rate of total hydrochloric acid secretion. *Psychosomatic Medicine* 18:374–398.

Erikson, E. (1978). Personal Communication.

Fairbairn, W.R.D. (1940). Schizoid factors in the personality. In *Psychoanalytic Studies of the Personality* pp. 3–27. London; Routledge and Kegan Paul, 1952.

—— (1944). Endopsychic structure considered in terms of object-relationships. In *Psychoanalytic Studies of the Personality* pp. 82–136. London: Routledge and Kegan Paul, 1952.

—— (1946). Object-relationships and dynamic structure. In *Psycho. analytic Studies of the Personality* pp. 137–151. London: Routledge and Kegan Paul, 1952.

—— (1952). *An Object-Relations Theory of the Personality*. New York: Basic Books. (*Psychoanalytic Studies of the Personality*. London: Routledge and Kegan Paul.)

Fraiberg, S., Adelson, E., and Shapiro, V. (1975). Ghosts in the nursery: a psychoanalytic approach to impaired infant-mother relationships. *Journal of the American Academy of Child Psychiatry* 14:387–421.

Freeman, T. (1953). Some problems in inpatient psychotherapy in a neurosis unit. In *The Therapeutic Community*, ed. M. Jones, pp. 69–84, New York: Basic Books.

—— (1970). The psychopathology of the psychoses: a reply to Arlow and Brenner. *International Journal of Psycho-Analysis* 51:407–415.

Freud, A. (1936). *The Ego and the Mechanisms of Defense*. New York: International Universities Press, 1965.

——(1976).Changes in psychoanalytic practice and experience.*International Journal of Psycho-Analysis* 57:257-260.

Freud,S.(1894).The neuro-psychoses of defence.Standard Edition 3.

——(1895),Draft H:Paranoia.In *The Origins of Psycho-Analysis*,ed. M.Bonaparte,A.Freud,and E.Kris.New York:Basic Books,1954.

——(1896).Further remarks on the neuro-psychoses of defence.Standard Edition 3.

——(1900).*The Interpretation of Dreams*.Standard Edition 4/5.

——(1905).*Three Essays on the Theory of Sexuality*.Standard Edition 7.

——(1910).The future prospects of psycho-analytic therapy.Standard Edition 11.

——(1911).Psycho-analytic notes on an autobiographical account of a case of paranoia(dementia paranoides).Standard Edition 12.

——(1912a).The dynamics of transference.Standard Edition 12.

——(1912b). Recommendations to physicians practicing psycho-analysis.Standard Edition 12.

——(1913).On beginning the treatment.Standard Edition 12.

——(1914a). Remembering, repeating and working through. Standard Edition 12.

——(1914b).On narcissism:an introduction.Standard Edition 14.

——(1914c). On the history of the psycho-analytic movement. Standard Edition 14.

——(1915a).Instincts and their vicissitudes.Standard Edition 14.

——(1915b).Mourning and melancholia.Standard Edition 14.

——(1915c).The unconscious.Standard Edition 14.

——(1915d).Observations on transference love.Standard Edition 12.

——(1915e).Repression.Standard Edition 14.

——(1917).A metapsychological supplement to the theory of dreams. Standard Edition 14.

——(1920).*Beyond the Pleasure Principle*.Standard Edition 18.

——(1923).*The Ego and the Id*.Standard Edition 19.

——(1924a).Neurosis and psychosis.Standard Edition 19.

——(1924b).The loss of reality in neurosis and psychosis.Standard Edition 19.

——(1926).The question of lay analysis.Standard Edition 20.

——(1927).Fetishism.Standard Edition 21.

——(1937).Analysis terminable and interminable.Standard Edition 23.

Fromm-Reichmann, F.(1937).Problems of therapeutic management in a psychiatric hospital.*Psychoanalytic Quarterly* 16:325-356

——(1950).*Principles of Intensive Psychotherapy*.Chicago: University of Chicago Press.

Giovacchini,P.L.(1975).Various aspects of the analytic process.In *Tactics and Techniques in Psychoanalytic Therapy*, vol.2, ed.P.L.Giovacchini, pp.5-95.New York:Jason Aronson.

——(1979).*Treatment of Primitive Mental States*.New York:Jason Aronson.

——(1980).Primitive agitation and primal confusion.In *Schizophrenic, Borderline, and Characterological Disorders*, ed.L.B.Boyer and P.L.Giovacchini.New York:Jason Aronson.

Gitelson,M.(1952).The emotional position of the analyst in the psychoanalytic situation.*International Journal of Psycho-Analysis* 33:1-10.

Glover, E.(1931).The therapeutic effect of inexact interpretation.*International Journal of Psycho-Analysis* 12:397-411.

——(1955).*The Technique of Psychoanalysis*.New York: International Universities Press.

Graber, G. H. (1925). Die schwarze spinne: menschheitsentwicklung nach Jeremais Gotthelfs gleichnamiger novelle, dargestallt unter besonderer berucksihtigungder rolle der frau.*Imago* 11:254-334.(Trans.S.Ruddy and C. Michel, unpublished.)

Green, A.(1975).The analyst, symbolization and absence in the analytic setting(On changes in analytic practice and analytic experience).*International Journal of Psycho-Analysis* 56:1-22.

——(1977).The borderline concept.In *Borderline Personalit, Disorders*, ed.P.Hartocollis, pp.15-44.New York:International Universities Press.

Greenacre, P.(1959).Focal symbiosis.In *Dynamic Psychopathology in Childhood*, ed.L.Jessner and E.Pavenstedt, pp.240-256, New York:Grune and Stratton.

Greenblatt, M., Levinson, D.and Williams, R.(1957).*The Patient and the Mental Hospital*.Glencoe, Ill.:Free Press.

Greenson, R.(1967).*The Technique and Practice of Psychoanalysis*.New York;International Universities Press.

Grinberg, L.(1962).On a specific aspect of countertransference due to the patient's projective identification.*International Journal of Psycho-Analysis* 43:436-440.

Grotstein, J.S.(1977a).The psychoanalytic concept of schizophrenia:I. The dilemma.*International Journal of Psycho-Analysis* 58:403-425.

——(1977b).The psychoanalytic concept of schizophrenia: II.Reconciliation.*International Journal of Psycho-Analysis* 58:427-452.

——(1979).Demoniacal possession, splitting, and the torment of joy. *Contemporary Psychoanalysis* 15:407-445.

Guntrip, H.(1961).*Personality Structure and Human Interaction*.New York:International Universities Press.

——(1969). *Schizoid Phenomena, Object Relations and the Self.* New York: International Universities Press.

Hartmann, H. (1939). *Ego Psychology and the Problem of Adaptation,* New York: International Universities Press, 1958.

——(1953). Contribution to the metapsychology of schizophrenia. In *Essays on Ego Psychology,* pp. 177–198. New York: International Universities Press, 1964.

Heimann, P. (1950). On counter-transference. *International Journal of Psycho-Analysis* 31: 81–84.

Jacobson, E. (1964). *The Self and the Object World.* New York: International Universities Press.

Jones, M. (1953). *The Therapeutic Community.* New York: Basic Books.

Kehoe, M., and Ironside, W. (1963). Studies on the experimental evocation of depressive responses during hypnosis. II . The influence of depressive responses upon the secretion of gastric acid. *Psychosomatic Medicine* 25: 403–419.

Kernberg, O. (1966). Structural derivatives of object relations. *International Journal of Psycho-Analysis* 47: 236–253.

——(1968). The treatment of patients with borderline personality organization. *International Journal of Psycho-Analysis* 49: 600–619.

——(1976). Normal and pathological development. In *Object Relations Theory and Clincial Psychoanalysis,* pp: 55–84. New York: Jason Aronson.

Khan, M. M. R. (1963). The concept of cumulative trauma. *Psychoanalytic Study of the Child* 18: 286–306.

——(1969). On symbiotic omnipotence. In *The Privacy of the Self,* pp. 82–92. New York: International Universities Press, 1974.

——(1974). *The Privacy of the Self.* New York: International Universities Press.

——(1975). Introduction. *Through Paediatrics to Psycho-Analysis*, D. W.Winnicott.New York：Basic Books.

Klein, M.(1940).Mourning and its relation to manic-depressive states. In *Contributions to Psycho-Analysis*, *1921-1945*, pp.311-338.London：Hogarth Press.

——(1946).Notes on some schizoid mechanisms.In *Envy and Gratitude and Other Works*, *1946-1963*, pp. 1-24. New York：De lacorte Press/ Seymour Laurence,1975.

——(1948).*The Psycho-Analysis of Children*.London：Hogarth Press.

——(1955).On identification.In *Envy and Gratitude and Other Works*, *1946-1963*, pp. 141-175. New York：Delacorte Press/Seymour Laurence, 1975.

——(1961).*Narrative of a Child Analysis*.New York：Basic Books.

Knight, R. (1936).Psychoanalysis of hospitalized patients. *Bulletin of the Menninger Clinic* 1：158-167.

——(1940).Introjection, projection and identification.*Psycho-analytic Quarterly 9*：334-341.

Kohut, H.(1971).*The Analysis of the Self*.New York：International Universities Press.

——(1977).*The Restoration of the Self*.New York：International Universities Press.

Kubie, L.(1967).The relation of psychotic disorganization to the neurotic process.*Journal of the American Psychoanalytic Association* 15：626-640.

Laing, R.D.(1959).*The Divided Self*.Baltimore：Pelican,1965.

Langs, R.(1975).Therapeutic misalliances.*International Journal of Psychoanalytic Psychotherapy* 4：77-105.

——(1976).*The Bipersonal Field*.New York：Jason Aronson.

——(1978).*The Listening Process.*New York：Jason Aronson

LaPlanche, J., and Pontalis, J. B, (1973). *The Language of Psycho-Analysis.*New York：W.W.Norton.

Lerner, S. (1979). The excessive need to treat： a countertherapeutic force in psychiatric hospital treatment.*Bulletin of the Menninger Clinic* 43： 463-471.

Lifton, R.J.(1979).Schizophrenia—lifeless life.In *The Broken Connection*,ed.R.J.Lifton,pp.222-238.New York：Simon and Schuster.

Little, M.(1958).On delusional transference (transference psychosis). *International Journal of Psycho-Analysis* 39：134-138.

——(1961).Countertransference and the patient's response to it.*International Journal of Psycho-Analysis* 32：32-40.

——(1966). Transference in borderline states.*InternationalJournal of Psycho-Analysis* 47：476-485.

Little, R.(1966).Oral aggression in spider legends.*American Imago* 23： 169-179.

——(1967).Spider phobias.*The Psychoanalytic Quarterly* 36：51-60.

Loewald, H.(1962).Internalization, separation, mourning and the super-ego.*Psychoanalytic Quarterly* 31：483-504.

—— (1971). On motivation and instinct theory. *The Psychoanalytic Study of the Child* 26：91-128.

London, N.(1973a) An essay on psychoanalytic theory：two theories of schizophrenia.Part Ⅰ：Review and critical assessment of the development of the two theories.*International Journal of Psycho-Analysis* 54：169-178.

——(1973b).An essay on psychoanalytic theory：two theories of schizophrenia.Part Ⅱ：Discussion and restatement of the specific theory of schizophrenia.*International Journal of Psycho-Analysis* 54：179-193.

Mahler, M. (1952). On child psychosis and schizophrenia: autistic and symbiotic infantile psychoses.*Psychoanalytic Study of the Child* 7:286–305.

——(1968).*On Human Symbiosis and the Vicissitudes of Individuation.* New York: International Universities Press.

——(1972). On the first–three subphases of the separation–individuation process.*International Journal of Psycho-Analysis* 53:333–338.

Malin, A., and Grotstein, J. (1966). Projective identification in the therapeutic process.*International Journal of Psycho-Analysis* 47:26–31.

Maltsburger, T., and Buie, D. (1974). Countertransference hate in the treatment of suicidal patients.*Archives of General Psychiatry* 30:625–633.

McDougall, J. (1974). The psychosoma and the psychoanalytic process. *International Review of Psycho-Analysis* 1:437–459.

Meissner, W. W. (1980). A note on projective identification. *Journal of the American Psychoanalytic Association* 28:43–67.

Menninger, W.C. (1936). Psychoanalytic principles applied to the treatment of hospitalized patients.*Bulletin of the Menninger Clinic* 1:35–43.

Moore, B., and Fine, B. (1968).*A Glossary of Psychoanalytic Terms and Concepts.*New York: American Psychoanalytic Association.

Nadelson, T. (1976). Victim, victimizer; interaction in the psychotherapy of borderline patients.*International Journal of Psychoanalytic Psychotherapy* 5:115–129.

Nelson, M. C., Nelson, B., Sherman, M., and Strean, H. (1968).*Roles and Paradigms in Psychotherapy.*New York: Grune and Stratton.

Ogden, T. H. (1974). A psychoanalytic psychotherapy of a patient with cerebral palsy: the relation of aggression to self–and body–representations. *International Journal of Psychoanalytic Psychotherapy* 3:419–433.

——(1976). Psychological unevenness in the academically successful student.*International Journal of Psychoanalytic Psychotherapy* 5:437–448.

—— (1978a). A developmental view of identifications resulting from maternal impingements.*International Journal of Psychoanalytic Psychotherapy* 7:486–507.

——(1978b).A reply to Dr.Ornston's discussion of "Identifications resulting from maternal impingements." *International Journal of Psychoanalytic Psychotherapy* 7:528–532.

—— (1979). On projective identification. *International Journal of Psycho–Analysis* 60:357–373.

——(1980).On the nature of schizophrenic conflict.*International Journal of Psycho–Analysis* 61:513–533.

——(1981).Projective identification in psychiatric hospital treatment. *Bulletin of the Menninger Clinic* 45:317–333.

Ornston, D. (1978). Projective identification and maternal impingement.*International Journal of Psychoanalytic Psychotherapy* 7:508–528.

Pao, P.(1973).Notes on Freud's theory of schizophrenia.*International Journal of Psycho–Analysis* 54:469–476.

Parsons, T.(1937).*The Structure of Social Action.*New York:Free Press of Glencoe.

——(1951).*The Social System.*New York:Free Press of Glencoe.

——(1957).The mental hospital as a type of organization.In *The Patient and the Mental Hospital*,ed.M.Greenblatt,D.Levinson,and R.Williams, pp.108–129.Glencoe, Ⅲ:Free Press.

Racker, H.(1957).The Meanings and Uses of Countertransference.*Psychoanalytic Quarterly* 26:303–357.

——(1968).*Transference and Countertransference.*New York;International Universities Press.

Reich, A. (1951). On counter-transference. *International Journal of Psycho-Analysis* 32:25-31.

—— (1960). Further remarks on counter-transference. *International Journal of Psrycho-Analysis* 41:389-395.

——(1966).*Psychoanalytic Contributions.*New York: International Universities Press.

Reider, N.(1936).Hospital care of patients undergoing psychoanalysis. *Bulletin of the Menninger Clinic* 1:168-175.

Ritvo, S., and Solnit, A.J.(1958).Influences of early mother-child interaction on identification processes.*Psychoanalytic Study of the Child* 13:64-85.

Rosenfeld, H. (1952a). Transference-phenomena and transference-analysis in the acute catatonic schizophrenic.*International Journal of Psycho-Analysis* 33:457-464.

——(1952b).Notes on the psycho-analysis of the superego conflict of an acute schizophrenic patient.*International Journal of Psycho-Analysis* 33:111-131.

——(1954).Considerations regarding the psycho-analytic approach to acute and chronic schizophrenia. *International Journal of Psycho-Analysis* 35:135-140.

——(1965).*Psychotic States.*New York: International Universities Press.

Rycroft, C.(1973).*A Critical Dictionary of Psycho-Analysis.*Towata, N. J: Littlefield Adams.

Sandler, J.(1976a).Dreams, unconscious fantasies and "identity of perception." *International Review of Psycho-Analysis* 3:33-42.

—— (1976b). Countertransference and role responsiveness. *International Review of Psycho-Analysis* 3:43-47.

——and Sandler, A.-M.(1978).On the development of object relationships and affect.*International Journal of Psycho-Analysis* 59:285-296.

Schafer, R.(1959).Generative empathy in the treatment situation.*The Psychoanalytic Qwarterly* 28:342-373.

——(1968).*Aspects of Internalization.*New York:International Universities Press.

——(1973).The idea of resistance.*International Journal of Psycho-Analysis* 54:259-285.

——(1974).Personal communication.

——(1976).*A New Language for Psychoanalysis.*New Haven:Yale University Press.

Searles, H.(1959).Oedipal love in the countertransference.In *Collected Papers on Schizophrenia and Related Subjects*, pp.284-303.New York:International Universities Press,1965.

——(1963). Transference psychosis in the psychotherapy of schizophrenia.In *Collected Papers on Schizophrenia and Related Subjects*, pp.654-716.New York:International Universities Press,1965.

——(1965).*Collected Papers on Schizophrenia and Related Subjects.* New York:International Universities Press.

——(1975).The patient as therapist to the analyst.In *Tactics and Techniques in Psychoanalytic Therapy*, vol.2, ed.P.L.Giovacchini, pp.95-151.New York:Jason Aronson.

Segal, H.(1957).Notes on symbol formation.*International Journal of Psycho-Analysis* 38:391-397.

———(1964).*An Introduction to the Work of Melanie Klein.*New York: Basic Books.

——(1967).Melanie Klein's technique.In *Psychoanalytic Techniques*, ed.B.Wolman, pp.168-190.New York:Basic Books.

Sherman, M. (1968). Siding with the resistance vs. interpretation : role implications. In *Roles and Paradigms in Psychotherapy*, ed.M.C Nelson, B.Nelson, M.Sherman, and H.Strean, pp.74–108. New York : Grune and Stratton.

Simmel, E. (1929). Psycho-analytic treatment in a sanitorium. *International Journal of Psycho-Analysis* 10 : 70–89.

Spitz, R. (1945). Diacritic and coenesthetic organizations. *Psychoanalytic Review* 32 : 146–162.

——(1965). *The First Year of Life*. New York : International Universities Press.

Spotnitz, H. (1969). *Modern Psychoanalysis of the Schizophrenic Patient*. New York : Grune and Stratton.

——(1976). *Psychotherapy of Pre-Oedipal Conditions*. New York : Jason Aronson.

Stanton, A., and Schwartz, M. (1954). *The Mental Hospital*. New York : Basic Books.

Sterba, R. (1950). On spiders, hanging and oral sadism. *American Imago* 7 : 21–28.

Stotland, E., and Kobler, A. (1965). *Life and Death of a Mental Hospital*. Seattle : University of Washington Press.

Strean, H. (1968). Paradigmatic interventions in seemingly difficult therapeutic situations. In *Roles and Paradigms in Psychotherapy*, ed.M.C.Nelson, B. Nelson, M.Sherman, and H.Strean, pp.179–191. New York : Grune and Stratton.

Sullivan, H.S. (1930–1931). Socio-psychiatric research. In *Schizophrenia as a Human Process*, pp.256–270. New York : W.W.Norton, 1962.

——(1956), *Clinical Studies in Psychiatry*. New York : W.W.Norton.

Wangh, M. (1962). The "evocation of a proxy" : a psychological maneuver, its use as a defense, its purposes and genesis. *The Psychoanalytic Study of the Child* 17:451–472.

Weiss, J. (1971). The emergence of new themes: a contribution to the psychoanalytic theory of therapy. *International Journal of Psycho–analysis* 52:459–467.

——, Sampson, H., Gassner, S., and Caston, J. (1980). Further research on the psychoanalytic process. The Psychotherapy Research Group, Department of Psychiatry, *Mount Zion Hospital and Medical Center Bulletin* #4, June, 1980.

Wexler, M. (1971). Schizophrenia: conflict and deficiency. *Psychoanalytic Quarterly* 40:83–99.

Will, O.A. (1970). The therapeutic use of the self. *Medical Arts and Sciences* 24:3–14.

—— (1975). Schizophrenia: psychological treatment. In *Comprehensive Textbook of Psychiatry*, ed. A. Freedman, H. Kaplan, and B. Sadock, pp. 939–955. Baltimore: Williams and Wilkins.

Winnicott, D. W. (1945). Primitive emotional development. In *Through Paediatrics to Psycho–Analysis*, pp. 145–156. New York: Basic Books, 1975.

——— (1947). Hate in the countertransference. In *Through Paediatrics to Psycho–Analysis*, pp. 194–203. New York: Basic Books, 1975.

—— (1948). Paediatrics and psychiatry. In *Through Paediatrics to Psycho–Analysis*, pp. 157–173. New York: Basic Books, 1975.

—— (1951). Transitional objects and transitional phenomena. In *Through Paediatrics to Psycho–Analysis*, pp. 229–242. New York: Basic Books, 1975.

—— (1952). Psychoses and child care. In *Through Paediatrics to Psycho–Analysis*, pp. 219–228. New York; Basic Books, 1975.

—— (1954). Metapsychological and clinical aspects of regression within the psycho-analytical set-up. In *Through Paediatrics to Psycho-Analysis*, pp.278-294.New York: Basic Books, 1975.

——(1956).Primary maternal preoccupation.In *Through Paediatrics to Psycho-Analysis*, pp.300-305.New York: Basic Books, 1975.

——(1958).The capacity to be alone.In *Maturational Processes and the Facilitating Environment*, pp. 29-36. New York: International Universities Press, 1965.

——(1960a).The theory of the parent-infant relationship. In *Maturational Processes and the Facilitating Environment*, pp.37-55.New York: International Universities Press, 1965.

——(1960b). Ego Distortion in terms of the true and the false self, pp. 140-152. In *Maturational Processes and the Facilitating Environment*. New York: International Universities Press, 1965.

——(1963). Dependence in infant-care, in child-care, and in the psycho-analytic setting.In *Maturational Processes and the Facilitating Environment*, pp.249-260.New York: International Universities Press, 1965.

——(1967).Mirror-role of mother and family in child development.In *Playing and Reality*, pp.111-118.New York: Basic Books, 1971.

——(1971).Interrelating apart from instinctual drive and in terms of cross-identifications.In *Playing and Reality*, pp.119-137. New York: Basic Books, 1971.

Zinner, J.and Shapiro, R.(1972).Projective identification as a mode of perception and behavior in families of adolescents.*International Journal of Psycho-Analysis* 53:523-530.

图书在版编目（CIP）数据

投射性认同和心理治疗技术 /（美）托马斯·H. 奥格登 (Thomas H. Ogden) 著；杨立华译 . -- 重庆 : 重庆大学出版社, 2023.11
（鹿鸣心理 . 西方心理学大师译丛）
书名原文: Projective Identification and Psychotherapeutic Technique
ISBN 978-7-5689-4196-9

Ⅰ . ①投… Ⅱ . ①托… ②杨… Ⅲ . ①精神分析 Ⅳ . ①B841

中国国家版本馆 CIP 数据核字(2023)第 209971 号

投射性认同和心理治疗技术
TOUSHEXING RENTONG HE XINLI ZHILIAO JISHU

[美] 托马斯 · H. 奥格登 （Thomas H.Ogden）　著
杨立华　译　　李孟潮　审校

鹿鸣心理策划人：王　斌
责任编辑：赵艳君
版式设计：赵艳君
责任校对：刘志刚
责任印制：赵　晟

重庆大学出版社出版发行
出版人：陈晓阳
社址：(401331) 重庆市沙坪坝区大学城西路 21 号
网址：http://www.cqup.com.cn
印刷：重庆升光电力印务有限公司

开本：720mm×1020mm　1/16　印张：14　字数：163 千
2023 年 11 第 1 版　　2023 年 11 月第 1 次印刷
ISBN 978-7-5689-4196-9　定价：79.00 元

版贸核渝字(2017)第 254 号